“做学教一体化”课程改革系列教材

多系统工业机器人基础实训设备操作与编程

主　编　沈　玲　刘竹林

副主编　张华林　方　鹏　侯企强

参　编　张庆乐　王　慧　刘　影　林成辉　唐高阳

机 械 工 业 出 版 社

本书面向工业机器人技术专业，根据职业院校人才培养目标，总结近年来的教改实践，融入先进的教学理念以及金砖国家技能发展与技术创新大赛要求，参照当前工业机器人技术有关标准编写而成。本书基于亚龙 YL-12B 型工业机器人基础实训设备进行介绍，分为 5 个项目，它们分别是工业机器人典型应用系统概述、亚龙 YL-12B 型工业机器人基础实训设备的编程与操作、PLC 编程与调试、触摸屏编程与调试及工业机器人的维护与保养。

本书可作为职业院校工业机器人技术、机电一体化技术、电气自动化技术等自动化类专业的教材及技能大赛配套实训教材，也可供相关工程技术人员参考学习。

为方便教学，本书配套 PPT 课件、操作视频（以二维码形式穿插于书中）等资源，凡购买本书作为授课教材的教师均可登录 www.cmpedu.com 网站注册、免费下载。

图书在版编目（CIP）数据

多系统工业机器人基础实训设备操作与编程/沈玲，刘竹林主编. —北京：机械工业出版社，2021.8

“做学教一体化”课程改革系列教材

ISBN 978-7-111-68828-0

Ⅰ.①多… Ⅱ.①沈…②刘… Ⅲ.①工业机器人－高等职业教育－教材 Ⅳ.①TP242.2

中国版本图书馆CIP数据核字（2021）第159530号

机械工业出版社（北京市百万庄大街22号 邮政编码100037）
策划编辑：赵红梅 责任编辑：赵红梅 苑文环
责任校对：张 力 封面设计：张 静
责任印制：单爱军
河北鑫兆源印刷有限公司印刷
2021 年 9 月第 1 版第 1 次印刷
184mm×260mm · 10印张 · 243千字
0001—2200册
标准书号：ISBN 978-7-111-68828-0
定价：39.00元

电话服务 网络服务
客服电话：010-88361066 机 工 官 网：www.cmpbook.com
010-88379833 机 工 官 博：weibo.com/cmp1952
010-68326294 金 书 网：www.golden-book.com
封底无防伪标均为盗版 机工教育服务网：www.cmpedu.com

前言

《中国制造2025》是中国实施制造强国战略第一个十年的行动纲领，它以体现信息技术与制造技术深度融合的数字化、网络化、智能化为主线。随着《中国制造2025》的实施，工业机器人作为智能化、自动化的典型产品，越来越广泛地应用于各行各业，业界对该专业的技术人才需求与日俱增，对该专业人才的培养要求也不断提高。

为了满足新时代背景下职业教育人才的培养需求，本书主编在总结近年来教学改革、课程实践的基础上，结合金砖国家技能发展与技术创新大赛要求，联合高等职业院校中具有丰富教学经验的教师以及企业专家编写了本书。

本书紧紧围绕工业机器人技术专业的人才培养目标，结合岗位实践需求，基于亚龙YL-12B型工业机器人基础实训设备，精心选取教材内容。全书共5个项目，分别是工业机器人应用概述、工业机器人的编程与操作、PLC编程与调试、触摸屏编程与调试及工业机器人的维护与保养。本书思路新颖、图文并茂、通俗易学，体现出以下特点：

（1）精选案例。精心筛选具有代表性的范例，深入浅出，一步一图详细介绍操作过程，方便教学，易于自学。

（2）多元评价。每个项目后均配有学习评价模块，采用自评、互评及教师评价相结合，同时兼顾课业完成情况，使过程性考核更易实现，评级更客观、更多元。

（3）配套视频。本书配有YL-12B型工业机器人基础实训设备的操作视频，为教师教学、学生自学提供极大便利。

本书由湖北工业职业技术学院沈玲、刘竹林担任主编；由荆州职业技术学院张华林、湖北汽车工业学院方鹏、晋中市职业中专学校侯企强担任副主编。武汉工程职业技术学院张庆乐、湖北工业职业技术学院王慧、浙江恒锐机器人技术有限公司刘影、林成辉、唐高阳参与了本书的编写。

本书编写过程中得到了各参编院校领导的大力支持，在此表示衷心的感谢。

由于编者水平有限，书中难免存在疏漏和不足之处，敬请广大读者批评指正。

编　者

二维码索引

目录

项目1 工业机器人的典型应用

工业机器人由机器人机械本体、控制器、伺服驱动系统和检测传感装置构成，是一种仿人操作、自动控制、可重复编程、能在三维空间内完成各种作业的机电一体化的自动化生产设备，特别适合多品种、多批量的柔性生产。它对稳定和提高产品质量，提高生产率，改善劳动条件和产品的快速更新换代起着十分重要的作用。

本项目重点介绍工业机器人的典型应用和技术发展及 YL-12B 型工业机器人基础实训设备的基本参数。通过本项目的学习，了解工业机器人的典型应用领域、发展历程及基本参数。

任务1 工业机器人的典型应用

任务目标

【知识目标】

1. 了解工业机器人适用的工作类型。
2. 了解工业机器人常用的典型工作站。

【能力目标】

1. 掌握工业机器人的概念。
2. 掌握工业机器人工作站的组成部分。

任务描述

工业机器人已经广泛应用于生产过程中，本任务将通过对工业机器人四种典型的应用——搬运机器人系统、喷涂机器人系统、焊接机器人系统和装配机器人系统，介绍制造业中的工业机器人应用技术和应用现状。

相关知识

一、工业机器人的概念

以前“机器人”一词经常出现在科幻小说、动画片和电视剧中，具有一定的神秘色彩，而现在机器人已经越来越广泛地应用于我们的生活和生产当中。图 1-1 所示为人形机器人。

机器人技术是综合了计算机技术、控制论、机构学、信息和传感技术、人工智能、仿生学等多学科而形成的高新技术，是当前研究十分活跃、应用日益广泛的领域。机器人的应用程度也成为了衡量一个国家工业自动化水平的重要标志。

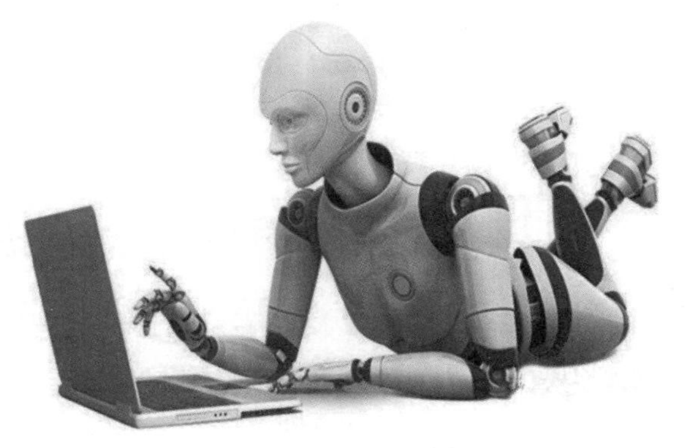
图 1-1　人形机器人

随着芯片技术的突飞猛进和控制算法的日益成熟，如今在许多工厂里都可以看到正在作业的工业机器人。在工厂里，机器人不仅仅代替了人工劳动，更是综合了人和机器的特长，成为一种类似于人的电子机械装置。这种电子机械装置在具备人对环境状况的快速反应和分析判断能力的同时，还具备机器可长时间持续工作、准确度高和抗恶劣环境的能力。从普通意义上可以认为，机器人是机器进化过程的产物，是工业以及服务性设备，也是先进制造技术领域不可缺少的自动化设备。

工业机器人是面向工业领域的多关节机械手或多自由度的机器装置，它能自动执行工作，是靠自身动力和控制能力来实现各种功能的一种机器。它可以接受人类指挥，也可以按照预先编排的程序运行，现代的工业机器人还可以根据人工智能技术制定的原则纲领行动。可以替代或协助人类完成各种工作，凡是枯燥的、危险的、有毒有害的工作，都可由机器人完成。工业机器人广泛应用于制造业领域，是先进制造技术领域不可缺少的自动化设备。

在现代工业生产中，工业机器人一般都不是单机直接使用，而是需要根据生产工艺流程的要求进行辅助工具的开发后与工业机器人进行系统集成，进而作为工业生产系统的一个组成部分来使用的。图 1-2 所示为生产线上的工业机器人系统集成。

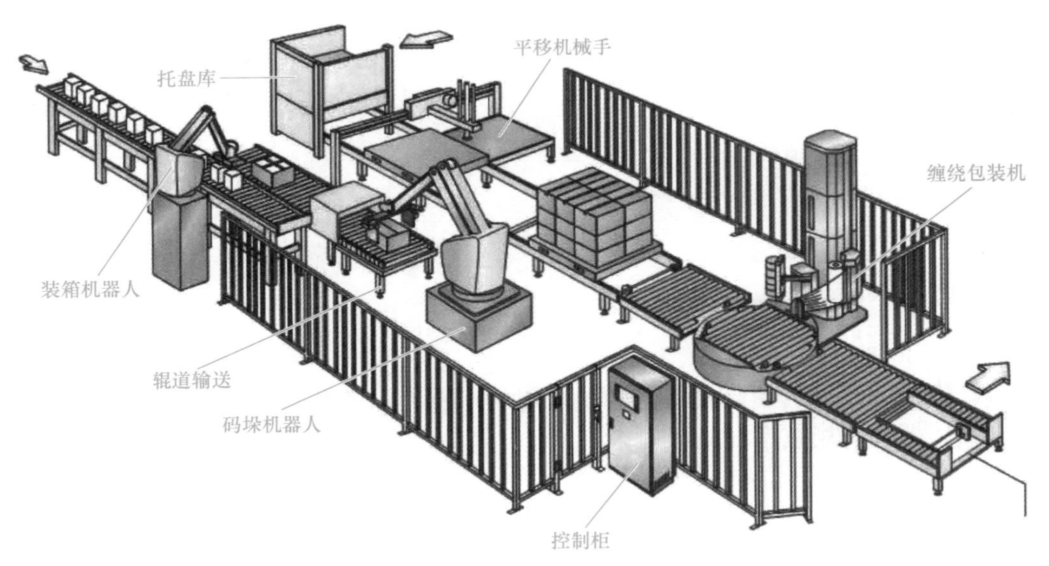

图 1-2　生产线上的工业机器人系统集成

二、工业机器人在制造业中的典型应用

目前，工业机器人已经广泛应用于汽车及汽车零部件制造业、机械加工行业、电子电

气行业、橡胶及塑料工业、食品医药行业、木材和家具制造业等领域。工业生产中弧焊机器人、点焊机器人、搬运机器人、喷涂机器人、打磨机器人、装配机器人等都已被大量采用。这些机器人通常是以机器人工作站的形式出现在工业现场中，下面介绍几种常见的典型机器人工作站。

1. 搬运机器人工作站

搬运机器人是可以进行自动化搬运作业的工业机器人。最早的搬运机器人于 1960 年出现在美国，Versatran 和 Unimate 两种机器人首次用于搬运作业。搬运作业是指用一种设备握持工件，从一个加工位置移到另一个加工位置的作业。搬运机器人可安装不同的末端执行器以完成各种不同形状和状态的工件搬运工作，大大减轻了人类繁重的体力劳动。世界上使用的搬运机器人已超过 10 万台，被广泛应用于机床上下料、冲压机自动化生产线、自动装配流水线、码垛搬运、集装箱等的自动搬运。部分发达国家已制定出人工搬运的最大限度，超过限度的必须由搬运机器人来完成。

搬运机器人是近代自动控制领域出现的一款高新技术产品，技术涉及了力学、机械学、液压气动技术、自动控制技术、传感器技术、单片机技术和计算机技术等学科领域，已成为现代机械制造生产体系中的一个重要组成部分。它的优点是可以通过编程完成各种预期的任务，在自身结构和性能上有了人和机器的各自优势，尤其体现出了人工智能和适应性。

从结构形式上看，搬运机器人可分为两大类：直角坐标式搬运机器人和关节式搬运机器人。直角坐标式搬运机器人根据应用的需要被设计成龙门式搬运机器人、悬臂式搬运机器人、侧臂式搬运机器人、摆臂式搬运机器人等结构形式，如图 1-3 所示。

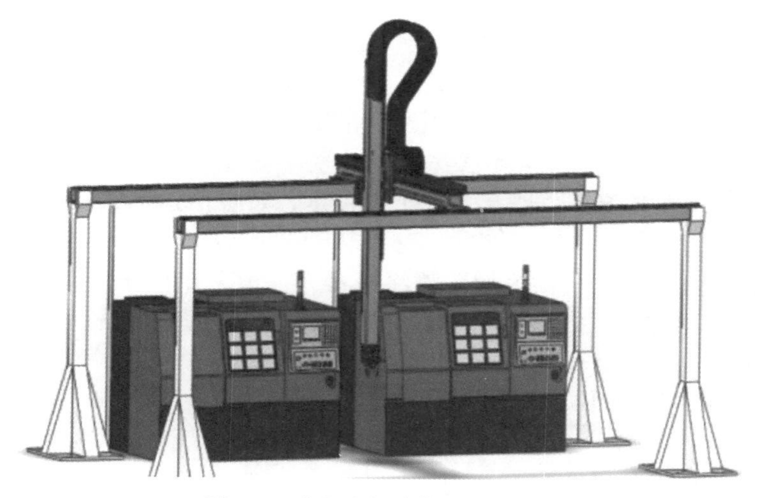

图 1-3 直角坐标式搬运机器人

搬运机器人工作站是包含相应附属装置及周边设备而形成的一个完整的系统。图 1-4 所示为关节式搬运机器人，其系统主要由搬运机器人系统、工件自动识别系统、自动启动装置、自动传输装置组成，适合于工件自动搬运的场合，尤其适合自动化程度较高的流水线等工业场合，可提高生产效率和自动化程度。机器人自动搬运系统集成还可根据用户的要求配备不同的手爪（如机械手爪、真空吸盘、电磁吸盘等），可实现对各种工件的抓取搬运，具有定位准确、工作节拍可调、工作空间大、性能优良、运行平稳可靠、维修方便等优点。

图 1-4　关节式搬运机器人

2. 喷涂机器人工作站

在以往的加工中，喷涂加工场所往往照明条件不好、通风较差、喷涂的雾状涂料还会对人体产生很大危害，因此，越来越多的场合应用了喷涂机器人，以提高产品的质量、产量、降低生产成本及劳动强度。

喷涂机器人是可进行自动喷漆或喷涂其他涂料的工业机器人。1969 年由挪威 Trallfa 公司发明。

喷涂机器人主要分为液压喷涂机器人和电动喷涂机器人。喷涂机器人通常由机器人本体、计算机和相应的控制系统组成。液压驱动的喷涂机器人还包括液压油源，如油泵、油箱和电动机等。喷涂机器人多采用 5 或 6 自由度关节式结构，手臂有较大的运动空间，并可做复杂的轨迹运动，其腕部一般有 2~3 个自由度，可灵活运动。较先进的喷涂机器人腕部采用柔性手腕，既可向各个方向弯曲，又可转动，其动作类似人的手腕，能方便地通过较小的孔伸入工件内部喷涂其内表面。喷涂机器人一般采用液压驱动，具有动作速度快、防爆性能好等特点，可通过手把手示教或点位示数来实现示教。喷涂机器人广泛用于汽车、仪表、电器、搪瓷等工艺生产部门。图 1-5 所示为汽车涂装线上的喷涂机器人。

喷涂机器人的主要优点如下。

1）柔性好，工作范围大。

2）有利于提高喷涂质量和材料使用率。

3）易于操作和维护，可离线编程，大大地缩短了现场调试时间。

4）设备利用率高，喷涂机器人的利用率可达 90%~95%。

3. 焊接机器人工作站

焊接是一种以加热或者高温、高压的方式连接金属或其他热塑性材料（如塑料）的制造工艺及技术。焊接加工一方面要求焊工具有熟练的操作技能、丰富的实践经验和稳定的焊接水平，是一个技术含量较高的工种；另一方面，焊接又是一种劳动条件差、烟尘多、热辐射大、危险性高的工作。焊接机器人代替人工焊接，不仅可以减轻焊工的劳动强度，同时也可以保证焊接质量和提高生产效率。据不完全统计，全世界在役的工业机器人大约有近一半服务于各种形式的焊接加工领域，焊接机器人成为当前应用量最多的一种工业机器人。随着先进制造技术的发展，焊接产品制造的自动化、柔性化和智能化已成为必然趋势。而在焊接生产中，采用机器人焊接则是焊接自动化技术现代化的主要标志。图 1-6 所示为汽车装配线上的焊接机器人。

图 1-5　汽车涂装线上的喷涂机器人

图 1-6　汽车装配线上的焊接机器人

焊接机器人作为当前广泛使用的先进自动化焊接设备，具有通用性强、工作稳定的优点，并且操作简便、功能丰富，越来越受到人们的重视。

现在世界各国生产的焊接机器人基本上都属于关节型机器人，目前焊接机器人应用中最普遍的主要有点焊机器人和弧焊机器人。

（1）点焊机器人系统

点焊是通过焊接电极对两层板件施加并保持一定的压力，使板件可靠接触并输出合适的焊接电流，因板间电阻的存在，电流使接触点产生热量、局部融化，从而使两层板件牢牢地连接在一起。点焊的过程可以分为预加压、通电加热和冷却结晶三个阶段。

典型的点焊机器人系统一般由机器人本体、焊钳、点焊控制箱、气（水）管路、焊钳修磨器夹具、循环水冷箱及相关电缆等组成。通过点焊控制箱，可以根据不同材料、不同厚度确定和调整焊接压力、焊接电流和焊接时间参数。点焊机器人可以焊接低碳钢板、不锈钢板、镀锌或多功能镀铅钢板、铅板、铜板等薄板类零件，具有焊接效率高、变形小、不需要添加焊接材料等优点，广泛应用于汽车覆盖件、驾驶室、车体等部件的高质量焊接中。图 1-7 所示为点焊机器人系统。

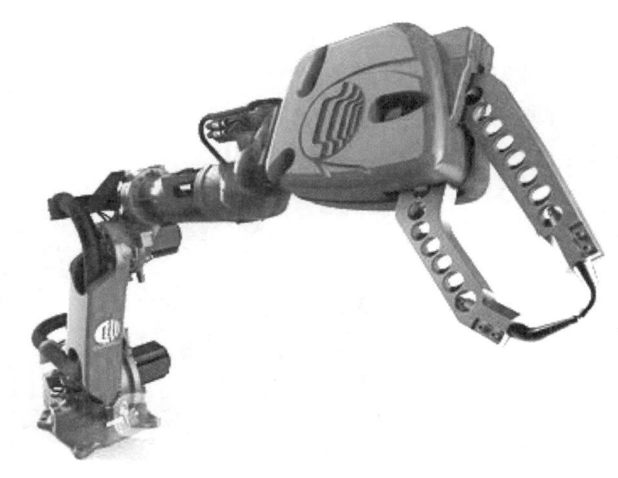

图 1-7　点焊机器人系统

（2）弧焊机器人系统

焊条电弧焊是工业生产中应用最广泛的焊接方法，它的原理是利用电弧放电所产生的热量将焊条与工件互相熔化并在冷凝后形成焊缝，从而获得牢固接头的焊接过程。

一个弧焊机器人系统的基本硬件一般包括焊接机器人本体、焊接设备、变位机、工装夹具、安全设施、控制系统和其他辅助部分（如焊接烟尘处理、传感器等）。

弧焊机器人在弧焊过程中要求焊枪跟踪焊件的焊道运动，并不断填充金属以形成焊缝。因此，运动过程中速度的稳定性和轨迹精度是两项重要的指标。对焊条端头的运动控制、焊枪姿态、焊接参数都要求精确控制。

图 1-8 所示为弧焊机器人系统，通常采用 6 自由度的机器人进行焊接操作，其运动轨迹通常是 Z 字形的摆动焊，其轨迹除应贴近示教轨迹外，还有局部的摆动轨迹控制，以满足焊接工艺要求。此外，焊接机器人还具备接触寻位、自动寻找焊缝起点位置、电弧跟踪及自动再引弧功能。

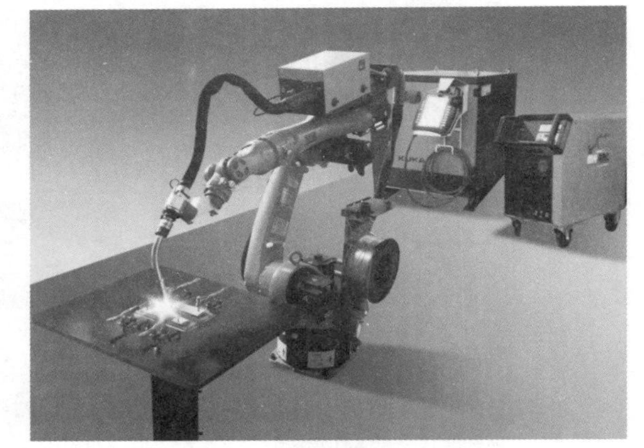

图 1-8　弧焊机器人系统

4. 装配机器人工作站

装配机器人工作站是指使用一台或多台装配机器人，并配有控制系统、辅助装置及周边设备，进行装配生产作业，从而完成特定工作任务的生产单元。装配机器人由机器人、控制器、末端执行器、传感系统、传送设备、外围设备以及相关配置组成。

用于装配生产线上对零件或部件进行装配的工业机器人，是柔性自动化装配系统的核心设备。与一般工业机器人相比，装配机器人具有精度高、柔性好、工作范围小、能与其他系统配套使用等特点。

目前市场上常见的装配机器人根据臂部运动形式的不同可分为直角坐标型装配机器人、垂直多关节型装配机器人和平面关节型（SCARA）装配机器人。

图 1-9 所示的直角坐标型装配机器人的机构在目前的产业机器人中是最简单的。它具有操作简便的优点，被用于零部件的移送、简单的插入、旋拧等作业。在机构方面，大部

分装备了球形螺钉和伺服电动机，具有可自动编程、速度快、精度高等特点。

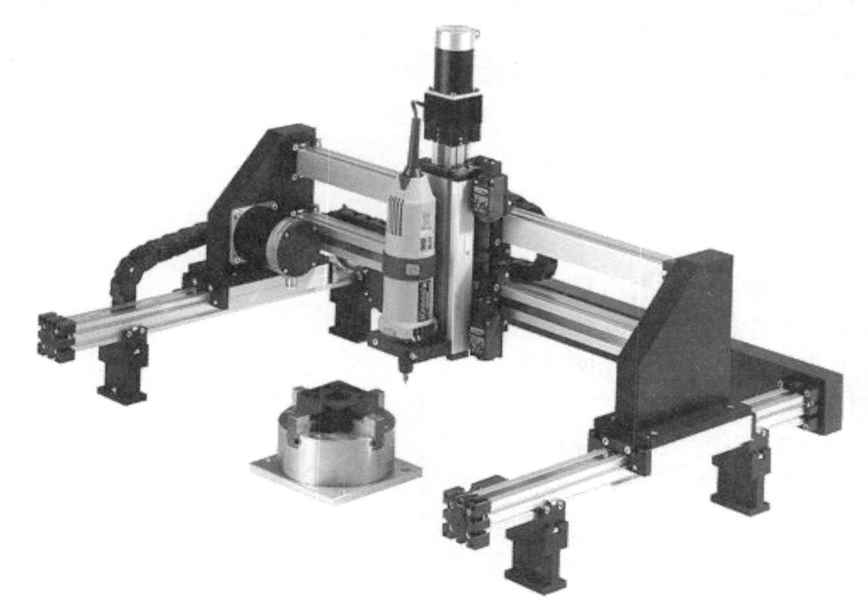

图 1-9　直角坐标型装配机器人

垂直多关节型装配机器人大多具有 6 个自由度，这样可以在空间上的任意一点确定任意姿势。因此，这种类型的机器人面向的往往是在三维空间的任意位置和姿势的作业。图 1-10 所示的是 EPSON 多关节型装配机器人。

平面关节型（SCARA）装配机器人目前在装配生产线上应用的数量较多，它是一种精密型装配机器人，具有速度快、精度高、柔性好等特点，采用交流伺服电动机驱动，其重复位置精度可达到 0.025mm，可应用于电子、机械和轻工业等有关产品的自动装配、搬运、调试等工作，适合工厂柔性自动化生产的需求。图 1-11 所示为平面关节型（SCARA）装配机器人。

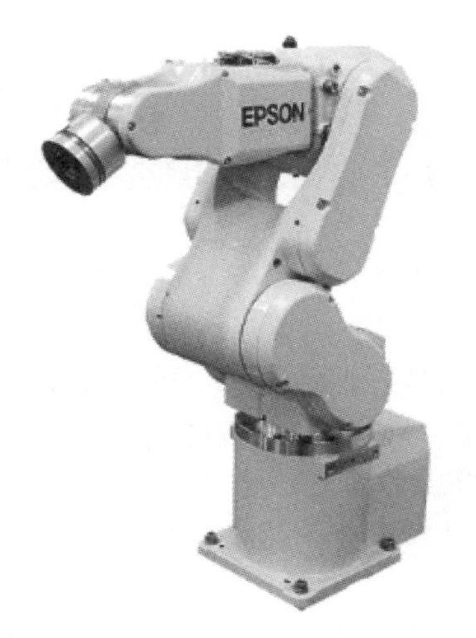

图 1-10　EPSON 多关节型装配机器人

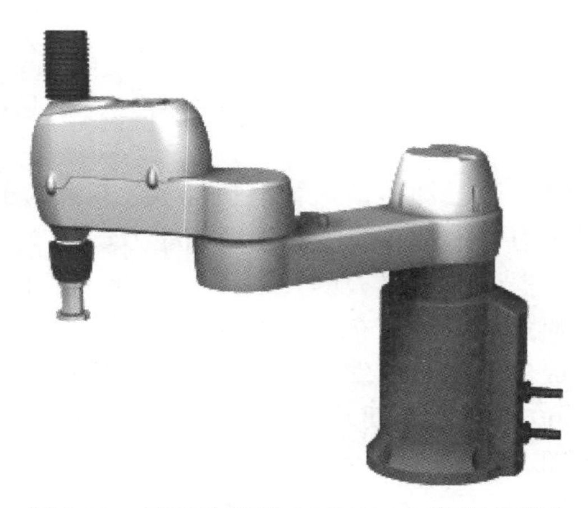

图 1-11　平面关节型（SCARA）装配机器人

任务 2 工业机器人技术的发展

任务目标

【知识目标】

1. 了解工业机器人的发展历程。
2. 了解我国工业机器人的发展状况。
3. 了解工业机器人的未来发展趋势。

【能力目标】

1. 掌握工业机器人的发展和分类。
2. 能够分析工业机器人的未来发展趋势。

任务描述

工业机器人的发展史也是世界科技发展史的体现。目前工业机器人快速融入制造业的各个领域中，并且还在不断的更新换代中，我国也取得了不凡的成就。通过本任务的学习，可使学生了解工业机器人的发展历程，了解我国工业机器人领域的发展状况及未来发展趋势。

相关知识

一、工业机器人的发展史

科技的发展带动了工业机器人技术的发展。到目前为止，工业机器人的发展共分为三个阶段。

第一阶段的工业机器人只有“手”，它以固定程序工作，不具有对外界信息的反馈能力。

第二阶段的工业机器人具有对外界信息的反馈能力，即有了感觉，如力觉、触觉、视觉等。

第三阶段即所谓“智能机器人”阶段，这一阶段的工业机器人已经具有了自主性，有自行学习、推理、决策和规划等能力。

根据工业机器人的发展历程，第一代工业机器人是可编程工业机器人。这类工业机器人是通过一台计算机来控制一个多自由度的机械，通过示教存储程序和信息，工作时把信息读取出来，然后发出指令，进而重复根据人示教的结果再现动作。该类工业机器人从 20 世纪 60 年代后半期开始投入使用，可以完成一些简单的重复性操作，但它对外界的环境没有感知。

1959 年，被誉为“工业机器人之父”的美国发明家约瑟夫·恩格尔伯格参与设计了第一台 Unimate 机器人（图 1-12）。它主要用于机器之间的物料运输，采用液压驱动。该机器人的手臂可以绕底座回转，沿垂直方向升降，也可以沿半径方向伸缩。

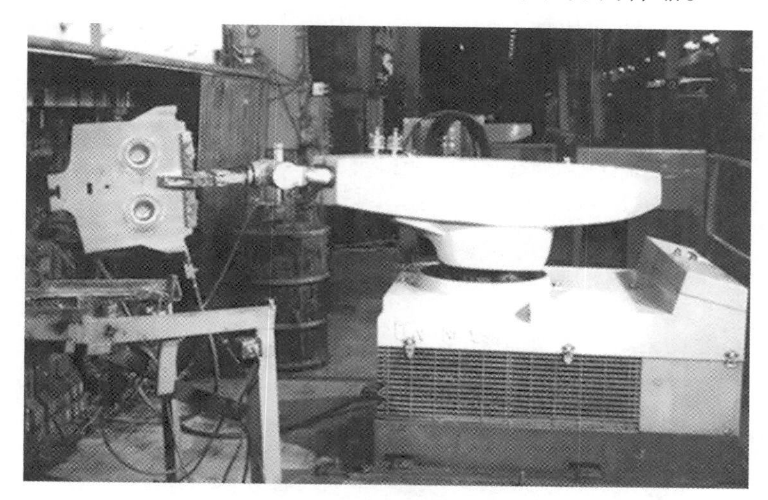

图 1-12　第一台 Unimate 机器人

第二代是感知工业机器人，即自适应工业机器人，它是在第一代工业机器人的基础上发展起来的，具有不同程度的“感知”能力。

1968 年，美国斯坦福研究所研发成功了工业机器人 Shakey。它带有视觉传感器，能根据人的指令发现并抓取积木，是世界上第一台感知工业机器人，如图 1-13 所示。

图 1-13　世界第一台感知工业机器人

1978 年，Unimation 公司推出了 PUMA 系列工业机器人，如图 1-14 所示。它是全电驱动、关节式结构、多 CPU 二级微机控制、采用 VAL 专用语言，可配置视觉、触觉、力觉感受器的、技术较为先进的机器人。PUMA 的诞生，标志着工业机器人技术完全成熟。

1978 年，日本山梨大学的牧野洋研制出具有平面关节的 SCARA 型机器人。20 世纪 70 年代，出现了许多机器人商品，并在工业生产中逐步推广应用。随着计算机科学技术、控制技术和人工智能的发展，工业机器人研究开发的水平和规模都得到迅速发展。据统计，到 1980 年全世界约有 2 万余台机器人应用于工业中。

第三代工业机器人具有识别、推理、规划和学习等智能机制，它可以把感知和行动智能化结合起来，因此能在非特定的环境下作业，故称为智能机器人。这是所追求的最高理想阶段，告诉它指令，它就能完成。目前，这类机器人处于试验阶段，并逐步向实用化方向发展。

英国的计算机科学之父阿兰·麦席森·图灵在 1950 年提出了著名的“图灵测试”理论，能够通过测试的就是人工智能机器人，之后虽然无数的机器人在测试中失败，但是在 2014 年 6 月 7 日阿兰·麦席森·图灵逝世 60 周年纪念日那天，在英国皇家学会举行的“2014 图灵测试”大会上，聊天程序“尤金·古斯特曼（Eugene Goostman）”首次通过了图灵测试，如图 1-15 所示，这预示着人工智能进入全新时代。智能机器人作为新一代生产和服务的工具，越来越多地参与到人们的工作、生活中，从而提供更多更好的服务。

图 1-14　通用工业机器人 PUMA

图 1-15　“尤金 · 古斯特曼”首次通过图灵测试

在过去三四十年间，机器人学和机器人技术获得引人瞩目的发展，具体体现在以下几方面。

1）机器人产业在全世界迅速发展。

2）机器人的应用范围遍及工业、科技和国防的各个领域。

3）形成了新的学科——机器人学。

4）机器人向智能化方向发展。

5）服务机器人成为机器人的新秀而迅猛发展。

二、我国工业机器人的发展状况

中国早在三千多年前的西周时代就出现了能歌善舞的木偶，称为“倡者”，这可能是世界上最早的机器人。

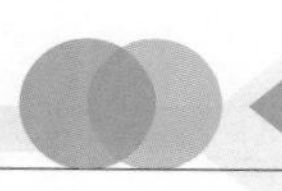

随着第一次、第二次工业革命，以及各种机械装置的发明与应用，我国工业机器人于20世纪70年代初期开始起步，经过40年的发展，大致经历了3个阶段：20世纪70年代的萌芽期，20世纪80年代的开发期和20世纪90年代的适用化期。

第一阶段是20世纪70年代，它是世界科技发展的一个里程碑：人类登上了月球，实现了金星、火星的软着陆。我国也发射了人造卫星。由于对高速度、高精度、高效率、低成本、低劳动强度的需求，工业机器人应用在世界上掀起了一个高潮，补充了日益短缺的劳动力。在这种背景下，我国于1972年开始研制工业机器人。

第二阶段是20世纪80年代，随着改革开放的不断深入，科技力量的不断提升，我国工业机器人技术的开发与研究得到了国家的重视与支持，取得了很大的成绩。

1986年，我国开展了“七五”机器人攻关计划，完成了示教再现式工业机器人成套技术的开发，研制出了喷涂机器人、点焊机器人、弧焊机器人和搬运机器人。

同年，我国的“国家高技术研究发展计划”（863计划）将机器人方面的研究开发列入其中，把握智能机器人主题，紧跟世界机器人技术的前沿，经过不懈努力，我国成功研制出一批特种机器人。

第三阶段是20世纪90年代初期，掀起了新一轮的经济体制改革和技术进步热潮，在此阶段我国的工业机器人技术取得了突飞猛进的发展，先后研制出了弧焊、点焊、喷漆、切割、搬运、装配、包装、码垛等适用于多种场合的工业机器人，并形成了一批机器人产业化基地，为我国机器人产业的发展奠定了基础。

三、机器人的未来发展趋势

智能化可以说是机器人未来的发展方向，智能机器人是具有感知、思维和行动功能的机器，是机构学、自动控制、计算机、人工智能、微电子学、光学、通信技术、传感技术、仿生学等多种学科和技术的综合成果。智能机器人可获取、处理和识别多种信息，自主地完成较为复杂的操作任务，比一般工业机器人具有更大的灵活性、机动性和更广泛的应用领域。

未来意识化智能机器人的发展趋势，可概括为以下几方面。

1. 外形越来越像人类

科学家们研制越来越高级的智能机器人，是主要以人类自身形体为参照对象的。自然先需要有一个仿真的人形外表，在这方面日本是相对领先的，国内也是非常优秀的。当几近完美的人造皮肤、人造头发、人造五官等恰到好处地遮盖于金属内在的机器人上，再配以人类的完美化正统手势时，乍一看，还真的会误以为是真实的人，当走近细看时才发现原来是机器人。对于未来机器人，仿真程度很有可能达到即使你近在咫尺地观察它的外在，也只会把它当成人类，很难分辨出它是机器人。这种状况就如美国科幻电影《终结者》中的机器人物造型——具有极致完美的人类外表。

2. 逻辑分析能力越来越强

为了让智能机器人完美化模仿人类，未来科学家会不断地赋予它许多逻辑分析程序功能，这也相当于是智能的表现。如自行重组相应词汇构成新的句子是逻辑能力的完美表现形式；若自身能量不足可以自行充电，而不需要主人帮助，则是一种意识表现。总之，逻辑分析有助于机器人自主完成许多工作，在不需要人类帮助的同时还可以尽量地帮助人类完成一些任务，甚至是比较复杂的任务。从一定层面上讲，机器人有较强的逻辑分析能力是利大于弊的。

3. 各种动作趋于完美

机器人的动作是相对于人类动作来说的。人类能做的动作是多样化的，如招手、握手、走、跑、跳等各种动作，都是人类惯用的。现代智能机器人虽然也能模仿人的部分动作，但是相对僵化，或者动作比较缓慢。未来机器人将以更灵活，类似人类的关节和仿真人造肌肉使其动作更接近人类，还有可能做出一些普通人很难做出的动作，如平地翻跟斗、倒立等。

4. 语言交流功能日渐完善

智能机器人既然已经被赋予“人”的特殊称谓，当然需要有比较完美的语言功能，这样就能与人类进行一定的甚至完美的语言交流，所以机器人语言功能的完善是一个非常重要的环节。对于未来智能机器人，其语言交流功能会越来越趋于完美。在完美的程序下，它们能轻松地掌握多个国家的语言，具有远高于人类的学习能力。另外，机器人还能进行自我语言词汇重组，当人类与之交流时，若遇到语言包程序中没有的语句或词汇，可以自动地用相关的或相近意思词组按句子的结构重组成一个新句子来回答，这类似于人类的学习能力和逻辑能力，是一种意识化的表现。

5. 具备多样化的功能

人类制造机器人的目的是为人类服务，所以就会尽可能地把它设计成多功能化，比如在家庭中，可以设计机器人保姆。它会扫地、吸尘，还可以聊天，为你看护小孩。在外面时，机器人可以帮你搬一些重物，甚至还能当你的私人保镖。另外，未来高级智能机器人还会具备多样化的变形功能，比如从人形状态变成一辆豪华汽车，这似乎是真正意义上的“变形金刚”了，它可载着你到你想去的任何地方，这种比较理想的设想在未来都是有可能实现的。

机器人的产生是社会科学技术发展的必然。在经历了从初级到现在的成长过程后，随着科学技术的进一步发展及各种技术进一步的相互融合，相信机器人技术的前景将更加光明。

任务 3 认识亚龙 YL-12B 型工业机器人基础实训设备

任务目标

【知识目标】

1. 了解亚龙 YL-12B 型工业机器人基础实训设备的结构。
2. 了解亚龙 YL-12B 型工业机器人基础实训设备的功能特点。
3. 了解亚龙 YL-12B 型工业机器人基础实训设备的基本参数。

【能力目标】

1. 能正确识读亚龙 YL-12B 型工业机器人基础实训设备的基本参数。
2. 掌握亚龙 YL-12B 型工业机器人基础实训设备的典型应用。

任务描述

正确识读亚龙 YL-12B 型工业机器人基础实训设备的基本参数，了解其功能特点，掌握该实训设备的典型应用。

相关知识

一、设备概述

亚龙 YL-12B 型工业机器人基础实训设备由一台安装在滑轨上的 6 轴恒锐机器人（恒锐机器人是由浙江恒锐机器人技术有限公司生产，该公司致力于提供基于教学机器人的整体软硬件解决方案）以及轨迹单元、写字单元、码垛单元 3 个单元组成，如图 1-16 所示。电气布局采用双抽屉式，所有电气控制器都安装在网孔板式的抽屉上，这种机电分离的形式更加符合工业实际情况。其中，每一个工作单元都可以自成一个独立的系统，每个单元都可以单独和机器人配合组成工作站。通过实训教学活动对设备进行不同的系统连接可使学生学习到工业机器人系统应用、PLC 控制、变频调速控制、传感器检测等技术。

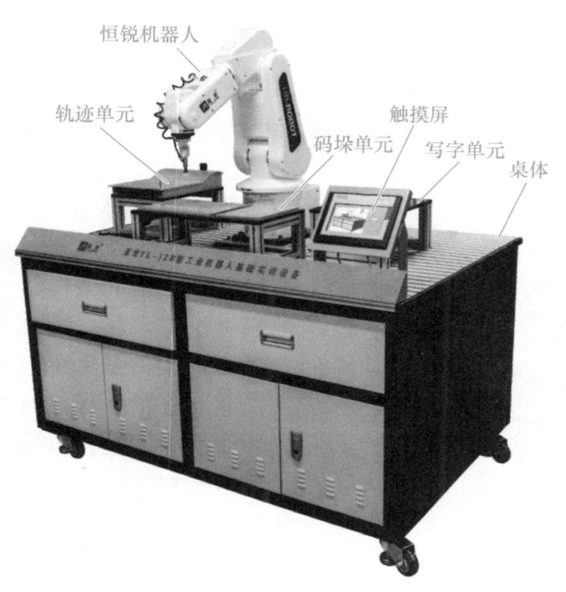

图 1-16　亚龙 YL-12B 型工业机器人基础实训设备外观

二、技术参数

亚龙 YL-12B 型工业机器人基础实训设备技术参数见表 1-1。

表 1-1　亚龙 YL-12B 型工业机器人基础实训设备技术参数表

序号	项目	参数	备注
1	输入电源	AC 220V（1 ± 10%）50Hz	
2	输入功率	≤ 5kW	
3	工作环境	1）温度：-10~+40℃ 2）相对湿度：≤ 90%（+20℃） 3）海拔高度：≤ 4000m 4）空气清洁，无腐蚀性及爆炸性气体，无导电及能破坏绝缘的尘埃	
4	设备重量	≤ 120kg	
5	本质安全	具有接地保护、剩余电流保护功能，安全性符合相关国家标准。采用高绝缘的安全型插座及带绝缘护套的高强度安全型实验导线	

三、功能特点

亚龙 YL-12B 型工业机器人基础实训设备搭载的是工业机器人的基础应用模块，十分适合学习工业机器人的应用，还可以对应用进行扩展。该设备可进行的实训项目如下。

1. 硬件安装与调试

1）工业机器人底座的安装与调试；

2）工业机器人安装与调试；

3）工业机器人夹具的安装与调试；

4）写字单元的安装与调试；

5）码垛单元的安装与调试；

6）轨迹单元的安装与调试。

2. 电气安装与调试

1）工业机器人本体与控制器之间的电气连接与调试；

2）工业机器人控制器和 PLC 之间的电气连接与调试；

3）工业机器人夹具的电气连接与调试。

3. 编程调试和应用

1）工业机器人编程调试软件的安装；

2）通过示教器对工业机器人的运行过程调试；

3）通过计算机软件对工业机器人的运行过程调试；

4）通过 I/O 板对工业机器人进行运行控制；

5）工业机器人控制数据库的建立和应用；

6）工业机器人码垛运行程序的编写；

7）工业机器人平面轨迹运行程序的编写；

8）工业机器人垂直轨迹运行程序的编写；

9）可编程控制器程序的编写和设计。

4. 设备的维护和保养

1）按照工业机器人操作规程对工业机器人进行安全检查训练；

2）对系统异常、机械故障进行简单的维修和维护训练；

3）工业机器人的日、周、月检查与维护训练。

四、设备配置

亚龙 YL-12B 型工业机器人基础实训设备的配置清单见表 1-2。

表 1-2 亚龙 YL-12B 型工业机器人基础实训设备配置清单

序号	名称	型号	数量	单位	备注
1	工业机器人实训桌	铝钢结构，带滚轮（滚轮带有刹车），单面两抽屉，抽屉采用网孔板，安装有电气控制部分的电气元件，设备安装灵活。桌面上开有 1 个长方形过线孔，套有工程塑料防护套，避免导线电缆被刮伤	1	台	

（续）

序号	名称	型号	数量	单位	备注
2	写字单元	包含书写平台，由A4纸、书写笔、书写笔夹具等组成	1	套	
3	码垛单元	由单元底板、物料存放板、码垛底板组成。底板表面经过电镀处理 物料尺寸：175mm×45mm×5mm，10块	1	套	
4	曲面TCP实训单元（TCP指的是工具中心点（Tool Center Point，TCP））	曲面TCP实训模块，底板表面经过电镀处理，TCP轨迹实训板采用铝合金，表面经过铝化处理。平面、曲面上蚀刻不同图形规则的图案（平行四边形、五角星、椭圆、风车图案、凹字形图案等多种不同轨迹图案），且该模型左前方配有TCP示教辅助装置	1	套	
5	可编程控制器	西门子S7-200 SMART 6ES7 288-1SR40-0AA0 继电器输出，AC 220V供电，24输入、16输出	1	个	
6	触摸屏	嵌入式一体化触摸屏（昆仑通泰触摸屏）	1	个	
7	按钮单元	指示灯3只；按钮两只；急停按钮1只；转换开关1只；17位接线端子1条；铁盒子1只	1	套	
8	开关电源	24V，6A	1	个	
9	三层端子	输入13位，输出16位；共三层：一层为电源负极端子，二层为信号端子，三层为电源正极端子。带有模组安装	2	个	
10	信号连接电缆1	15芯D形接头连接电缆，长度为3m	1	条	
11	信号连接电缆2	17芯D形接头连接电缆，长度为3m	1	条	
12	单相剩余电流断路器	DZ47LE-32 C32	1	只	
13	继电器	松下　DC 24V	5	只	
14	无油空气压缩机（空压机）	W58	1	台	
15	恒锐HRT-120型工业机器人	机器人本体：6轴HRT-120	1	台	

五、HRT-120型工业机器人主要技术参数

亚龙YL-12B型工业机器人基础实训设备中的机器人本体部分采用浙江恒锐机器人技术有限公司生产的6轴HRT-120型工业机器人，其主要参数见表1-3。

表1-3　HRT-120型工业机器人参数

机器人型号	HRT-120
轴数	6
最大运动半径/mm	642
额定负载/kg	2

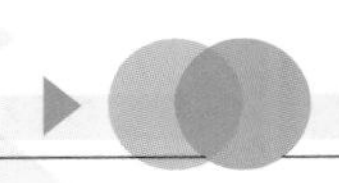

（续）

运动范围（%）	J1 回转	+150~-150
	J2 立臂	+90~-90
	J3 横臂	+75~-90
	J4 腕	+120~-120
	J5 腕摆	+120~-120
	J6 腕转	+160~-160
重复精度 /mm		± 0.2
本体重量 /kg		25
电源电压 /V		220（50/60Hz）
功耗 /kW		0.75
安装方式		底座安装
最大高度 /mm		1103

1. HRT-120 型工业机器人关节坐标系

关节坐标系是以各轴机械零点为原点所建立的纯旋转的坐标系。机器人的各个关节可以独立地旋转，也可以联动。

恒锐机器人控制系统对于标准 6 关节机器人关节坐标系的描述：用每个轴的旋转角度（J1、J2、J3、J4、J5、J6）来表示机器人的位姿。如图 1-17 所示，Axis 1、Axis 2、Axis 3、Axis 4、Axis 5、Axis 6 分别对应 J1、J2、J3、J4、J5、J6；而每个轴的正、负方向分别表示旋转角度的正、负。

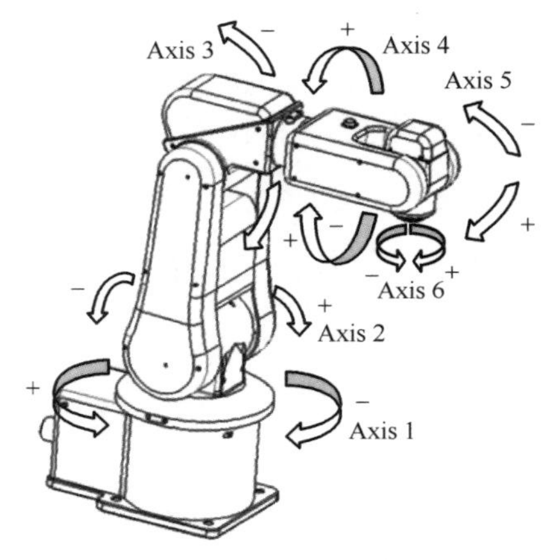

图 1-17　机器人本体关节坐标系

2. HRT-120 型工业机器人尺寸参数

HRT-120 型工业机器人本体的基本尺寸如图 1-18 所示。

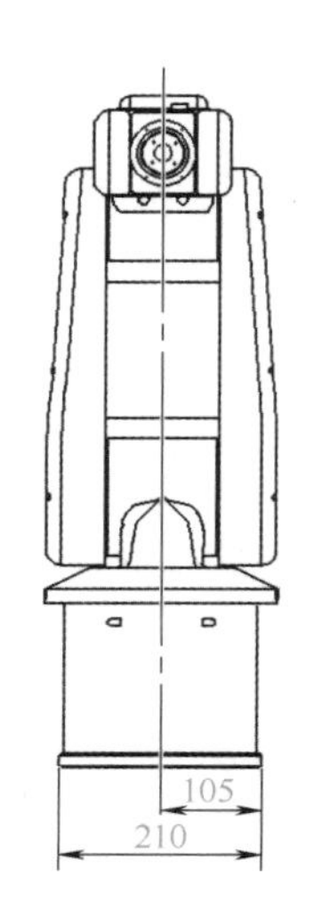

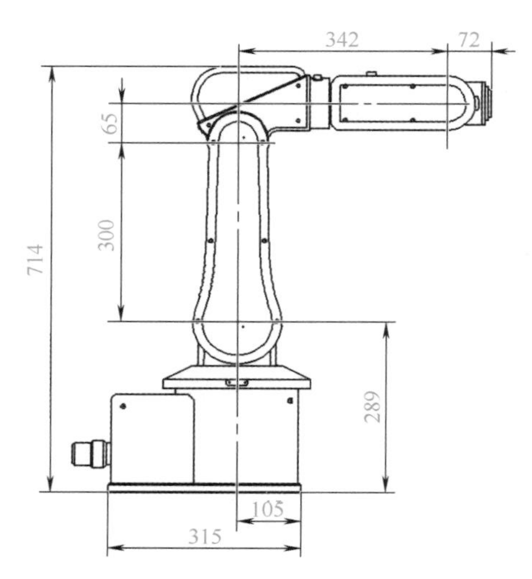

图 1-18　机器人本体基本尺寸

3. HRT-120 型工业机器人工作范围及转动半径

HRT-120 型工业机器人本体的工作范围如图 1-19 所示，其转动半径如图 1-20 所示。

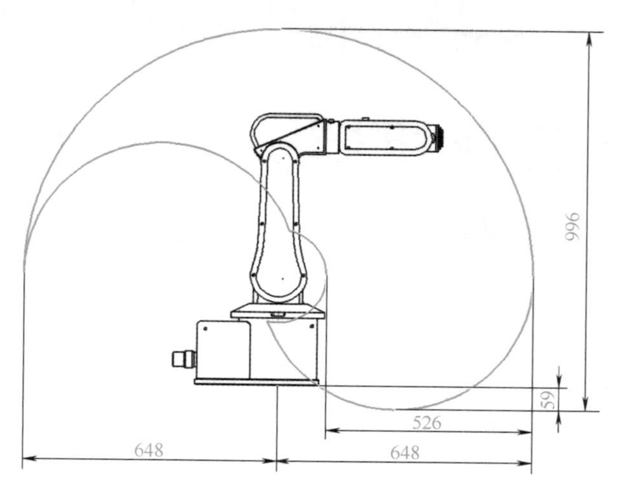

图 1-19　HRT-120 型工业机器人本体的工作范围

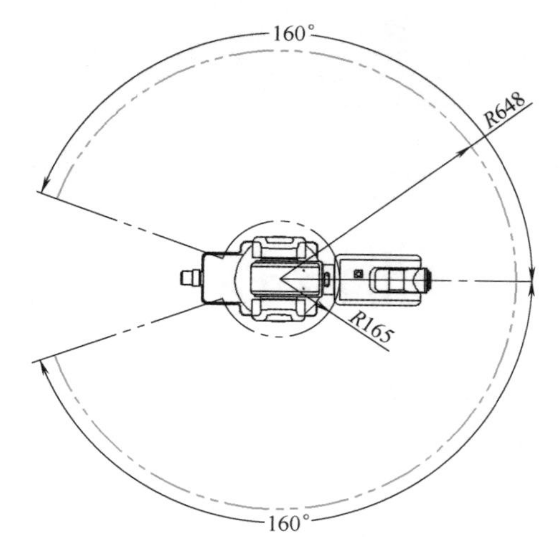

图 1-20　HRT-120 型工业机器人本体的转动半径

项目评测

1. 工业机器人系统由哪几部分组成？
2. 简述工业机器人的典型应用。
3. 亚龙 YL-12B 型工业机器人基础实训设备的主要优点有哪些？
4. 简述工业机器人的发展历程。
5. 简述工业机器人的未来发展趋势。

项目评价（表1-4）

表 1-4　项目评价

序号	内容	评分依据	自评分（20 分）	小组互评分（30 分）	教师课业评分（50 分）	总评分
1	任务 1　工业机器人的典型应用	1）掌握工业机器人的概念 2）掌握工业机器人工作站的组成部分				
2	任务 2　工业机器人技术的发展	1）掌握工业机器人的发展和分类 2）能够分析工业机器人的未来发展趋势				
3	任务 3　认识亚龙 YL-12B 型工业机器人基础实训设备	1）能正确识读亚龙 YL-12B 型工业机器人基础实训设备的基本参数 2）掌握亚龙 YL-12B 型工业机器人基础实训设备的典型应用				

项目 2

亚龙 YL-12B 型工业机器人基础实训设备的编程与操作

本项目重点介绍亚龙 YL-12B 型工业机器人基础实训设备常用的编程指令及程序的编写、调试过程。通过对本项目的学习，使学生初步掌握亚龙 YL-12B 型工业机器人基础实训设备的写字、焊接（轨迹运行）、码垛模块的编程方法及操作步骤。

任务 1　亚龙 YL-12B 型工业机器人基础实训设备的编程基础

任务目标

【知识目标】

1. 了解工业机器人的程序结构。
2. 掌握工业机器人的程序创建步骤及参数意义。
3. 掌握工业机器人程序的调试步骤。
4. 掌握工业机器人基本运动指令的参数意义及典型应用。
5. 掌握工业机器人常用逻辑指令、功能函数的参数意义及典型应用。

【能力目标】

1. 能够创建亚龙 YL-12B 型工业机器人基础实训设备的基本程序。
2. 能够调试、修改工业机器人的现有程序。
3. 能够使用基本运动指令编写并调试程序。
4. 能够使用常用逻辑指令编写并调试程序。
5. 能够使用功能函数指令编写并调试程序。

任务描述

工业机器人典型的运动轨迹是点到点运动轨迹、直线运动轨迹、圆弧运动轨迹，本任务将使用 YL-12B 型工业机器人基础实训设备进行示教编程，并调试运行。

相关知识

一、控制系统的组成

亚龙 YL-12B 型工业机器人基础实训设备的控制系统主要由示教器和控制器组成。

1. 示教器

示教器采用新型全触屏手持设计，降低了用户操作和使用难度，体现了工业机器人协作化、智能化发展方向，其外观如图 2-1 所示。

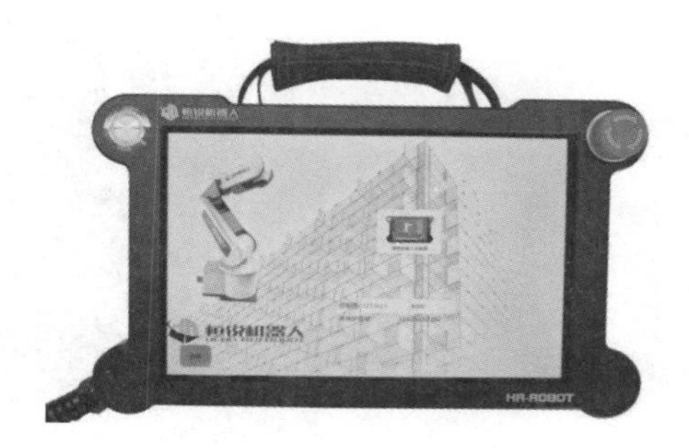

图 2-1　示教器

示教器参数见表 2-1。

表 2-1　示教器参数

液晶触摸屏	10.1in[①] TFT 1280 × 800 电容式触摸屏
操作系统	Linux（支持 3D 仿真）
虚拟键盘	支持
外接 USB	2.0 × 1
电源模块	12V，30W
防护等级	IP65

① 1in=0.0254m

2. 控制器

工业机器人控制器如图 2-2 所示。

图 2-2　控制器

本实训设备的控制器采用高性能运算处理器，集成先进的运动控制算法，同时包含丰富的外部电气接口。详细参数见表 2-2。

表 2-2　控制器参数

硬件参数	双核 1.8GHz CPU，集成 GPU，内存 2GB，用户存储 4GB
控制伺服	脉冲型
控制轴数	6 轴 +2 轴
扩展接口	16 路数字量输入 +16 路继电器输出 4 路模拟量输入 +4 路模拟量输出（0~10V） RS-485、Ethernet TCP、USB2.0
操作模式	示教、再现、远程，支持二次开发
运动功能	关节、直线、圆弧、复杂曲线连续运动
指令系统	运动、逻辑、I/O、流程、工艺
坐标系统	关节坐标、直角坐标、用户坐标、工具坐标、基坐标
适配机型	标准 6 轴、UR 型
电源模块	DC 12V，30W
工作环境	温度：0~50℃（无冻结），湿度：10%~90%（无结露）

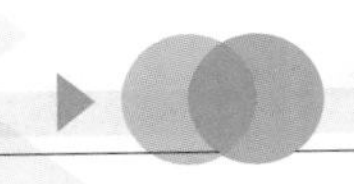

二、软件界面

1. 布局介绍

按下示教器电源开关后，系统开机并进入图 2-3 所示界面。

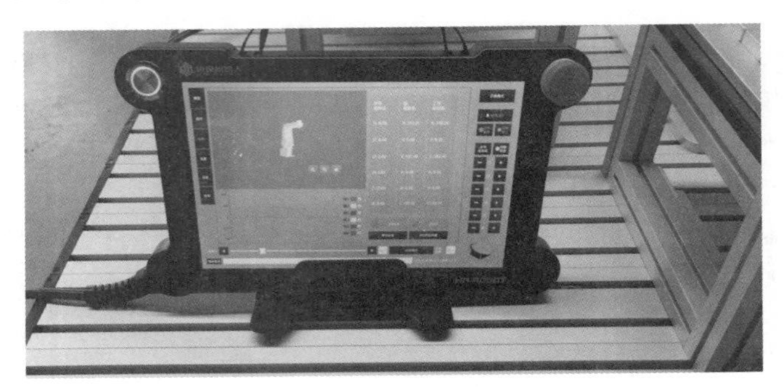

图 2-3　示教器开机界面

如图 2-4 所示，界面上共有 8 个组成部分，具体说明如下。

1——工业机器人各应用菜单栏。

2——主显示界面，用于显示工业机器人模型。

3——工业机器人各轴转动度数波形图。

4——工业机器人各坐标系下数据。

5——工业机器人当前坐标系选择。

6——工业机器人示教、运行操控界面。

7——底部速度选择、消息提示以及示教模式选择。

8——退出示教系统按钮。

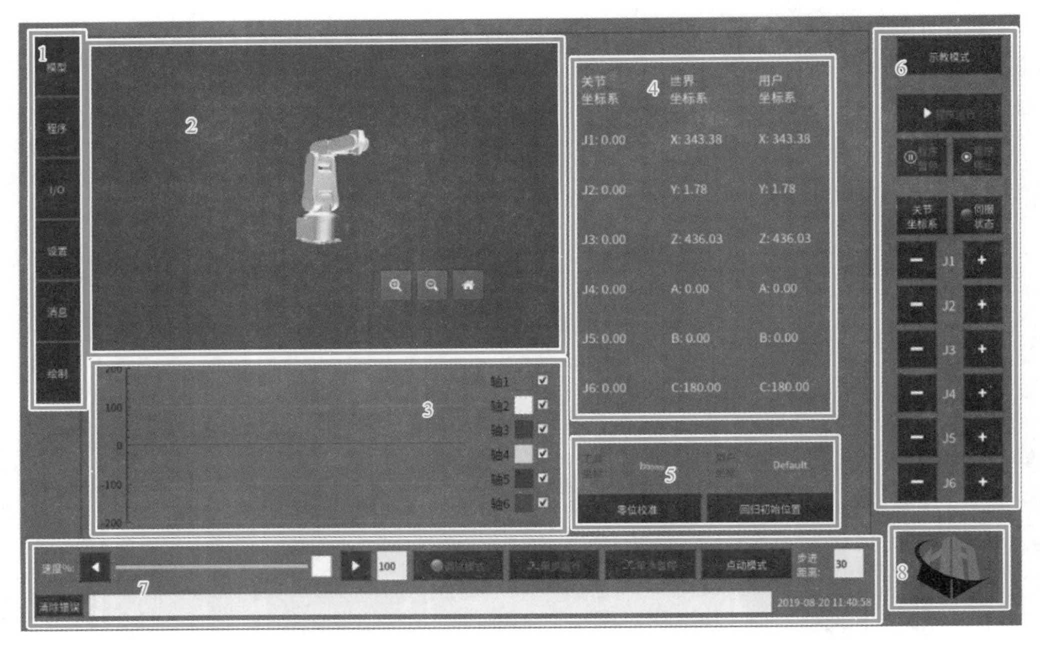

图 2-4　模型界面

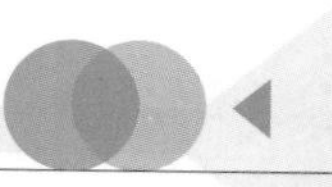

在控制工业机器人运动之前，按下界面右侧“伺服状态”按钮，指示灯变亮后即可正常使用，如图 2-5 所示。

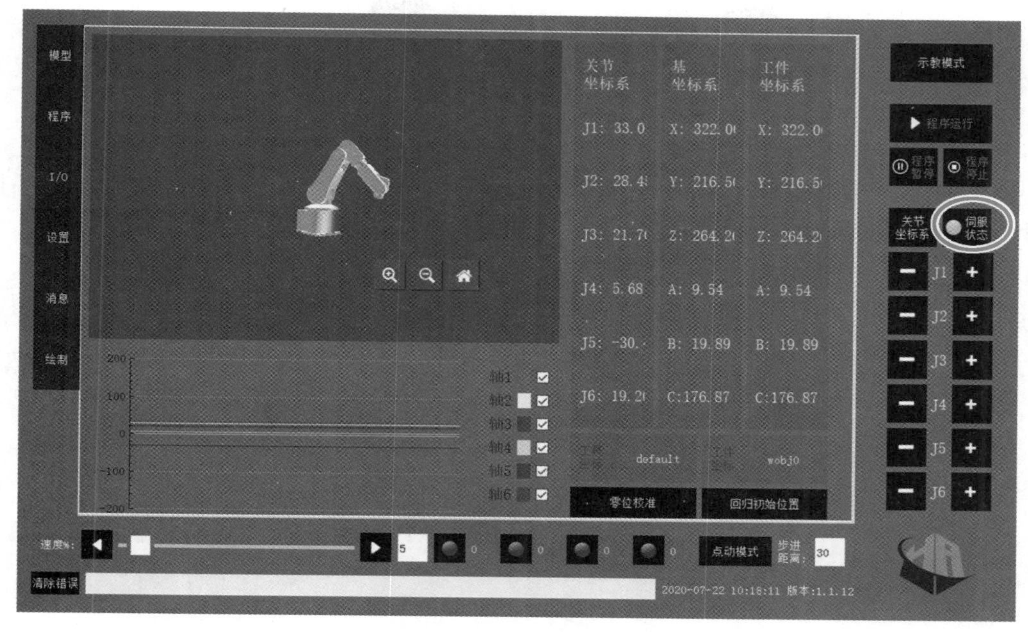

图 2-5　伺服使能

2. 查看提示信息

按下界面左侧“消息”按钮，即可进入消息界面查看提示信息，如图 2-6 所示。

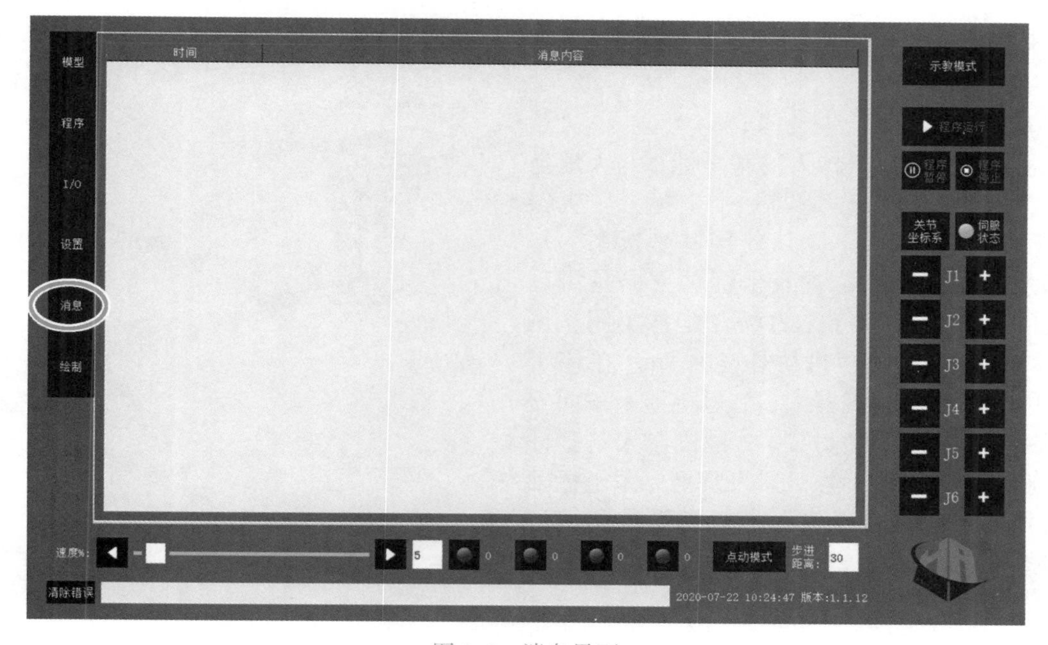

图 2-6　消息界面

三、坐标系

1. 工业机器人坐标系介绍

坐标系是工业机器人控制系统中非常重要的一个概念，它会影响大部分示教操作和运动轨迹动作。工业机器人控制系统采用的坐标系主要有大地坐标系、基坐标系、工具坐标系和工件坐标系，如图 2-7 所示。

（1）大地坐标系

大地坐标系由机器人系统自定义，每个机器人自带一个大地坐标系。大地坐标系原点位于机器人底座正中心，坐标轴方向如图 2-8 所示。在正常配置的机器人系统中，操作者站在机器人的前方并在大地坐标系或基坐标系中手动线性控制机器人，将控制杆拉向自己一侧时，机器人将沿 *X* 轴移动；向左右两侧移动控制杆时，机器人将沿 *Y* 轴移动；扭动控制杆，机器人将沿 *Z* 轴移动。

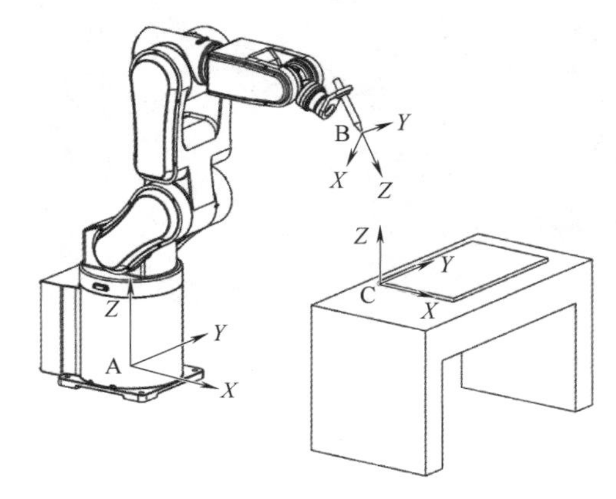

图 2-7　坐标系

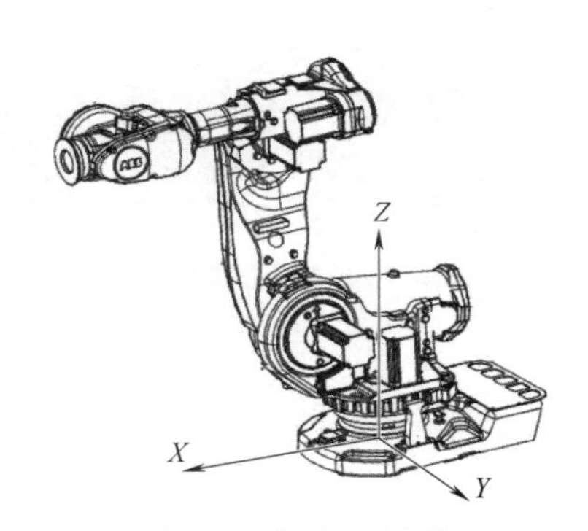

图 2-8　大地坐标系

大地坐标系是机器人所有坐标系的基准，其他所有坐标系都是相对于大地坐标系进行定位与定向的。

（2）基坐标系

通常情况下，机器人的基坐标系与大地坐标系重合，可以看作是同一个坐标系。机器人在线性运动模式下默认使用基坐标系。基坐标系的坐标原点位置及坐标轴方向是可以修改的，这在一些特殊的场合非常实用。例如，图 2-9 所示的多机协作工作站，在该工作站中集成了两台机器人，1 号机器人正向安装，2 号机器人倒置安装。2 号机器人基坐标系的坐标轴指向与 1 号机器人基坐标系坐标轴指向相反，这将给操作者带来了操作和编程上的困难。在这种情况下，可以修改 2 号机器人的基坐标系，使得 2 号机器人基坐标系坐标轴指向与 1 号机器人一致。

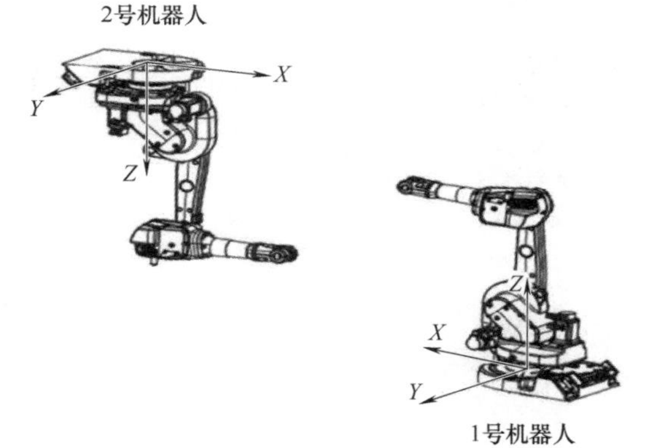

图 2-9　多机协作工作站

（3）工件坐标系

工件坐标系是用户自定义的坐标系，其坐标原点和坐标轴方向由加工工件的实际情况

来确定，主要在机器人手动操纵和编程过程中使用。根据工件实际情况定义工件坐标系，可以使操纵杆方向与工件运动方向重合，提高机器人手动操纵效率，并且为机器人运动指令编程提供一个良好的参考原点，避免复杂的坐标换算。

（4）工具坐标系

工具坐标系是用户自定义的坐标系，其坐标原点和坐标轴的方向根据机器人末端执行器（工具）的实际情况来确定，图2-10所示为不同工具的工具坐标系。工具坐标系建立后，将跟随机器人末端执行器一起在空间运动，机器人在空间的点位坐标实际上是工具坐标系原点在基坐标系上的坐标值，而机器人的姿态实际上是工具坐标系与基坐标系的坐标轴夹角。机器人重定位运动的默认坐标系为工具坐标系。

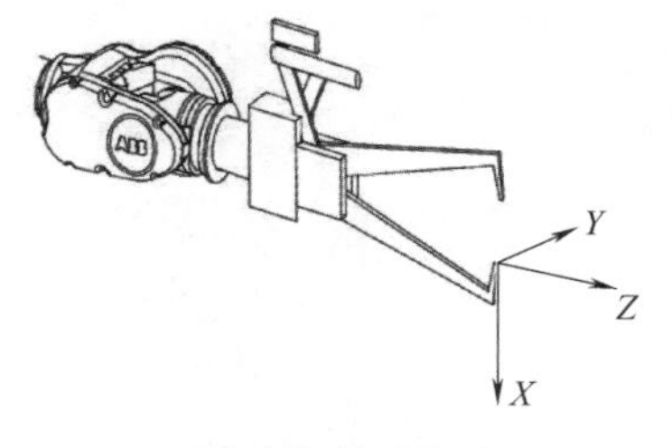

a) 手爪的工具坐标系

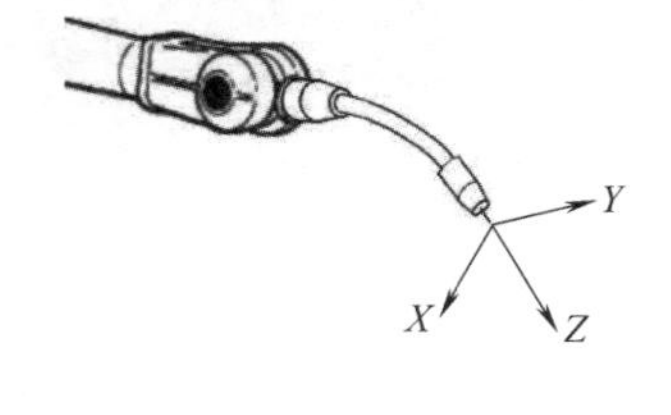

b) 焊枪的工具坐标系

图2-10　不同工具的工具坐标系状态

工具坐标系标定

2. 工具坐标系的建立

安装在末端法兰盘上的工具需要建立工具坐标系来定义它的工具中心点（TCP）。更换工具时，只需要重新定义工具坐标系便可在新工具坐标系下完成原有任务。

工具坐标系一般采用“定点变姿态”的方式进行标定，将欲标定的工具坐标系中心点以各种姿态对准一个固定点，如图2-11所示。

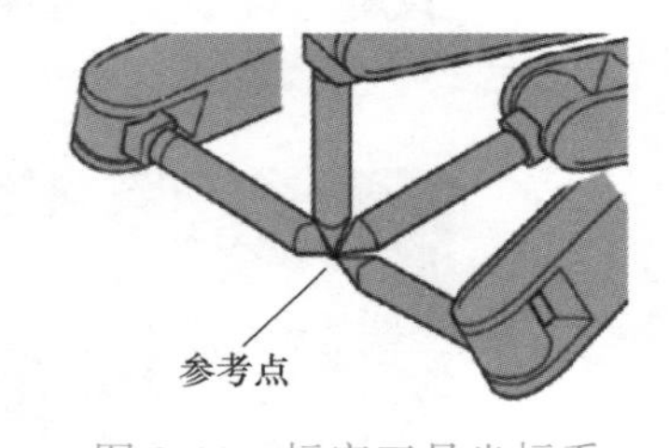

图2-11　标定工具坐标系

1）连接系统后，单击图2-12a所示界面左侧的“设置”按钮切换到设置界面。

2）在“设置”界面中选择“坐标系设置”标签，点选“工具坐标系”，单击“添加坐标系”按钮跳转到添加界面，如图2-12b所示。

3）添加坐标系。添加坐标系的步骤如下。

① 在“坐标系名”文本框中填入坐标系的名称（注意区分类别，可加前缀tool）。

② 在下方数据框中输入X、Y、Z、A、B、C的值（基坐标X（0）、Y（0）、Z（0）、A（0）、B（0）、C（0））。

③ 单击“确定”按钮完成添加。

4）修改坐标系。修改坐标系步骤如下。

① 选择已创建的坐标系，单击“修改坐标系”按钮跳转到修改坐标系界面，如图2-12c所示。

② 对该坐标系数据进行修改，单击“确定”按钮完成修改。

5）删除坐标系。

① 单击“删除坐标系”按钮。

② 弹出提示“确定要删除该坐标系？”，单击“yes”按钮即可删除该坐标系。

6）标定坐标系。

单击图 2-13 中的“标定坐标系”按钮进入到标定界面，如图 2-14 所示。

图 2-14 界面上方有三种标定方式可选。

① TCP 标定。该模式下只标定工具坐标系中心点，而不标定坐标系轴。按照以下步骤进行标定操作。

a）填写坐标系名，移动机器人工具坐标系中心点对尖一个固定的参考点，在图 2-14 所示界面单击“工具点 1 选取”按钮。

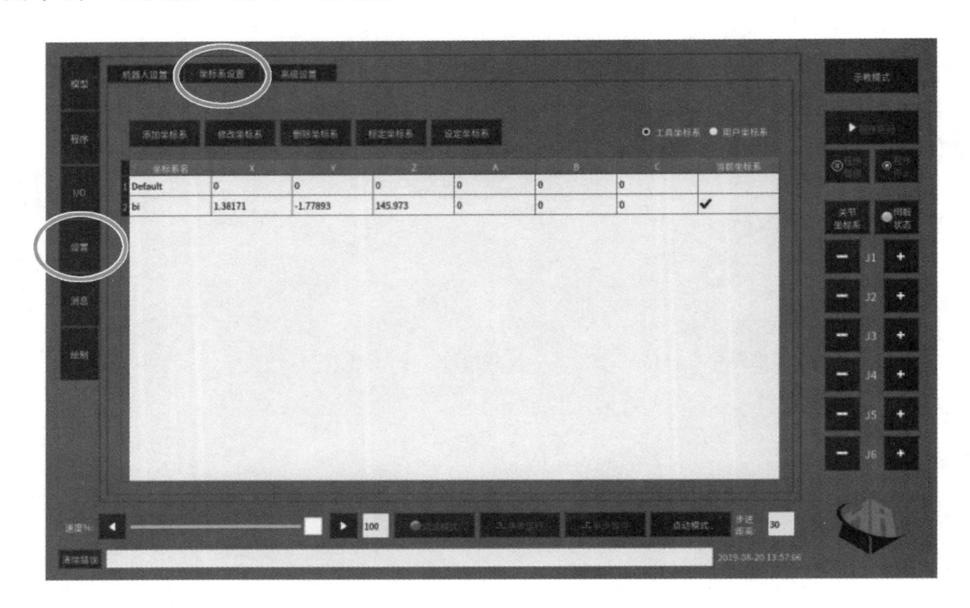

a)

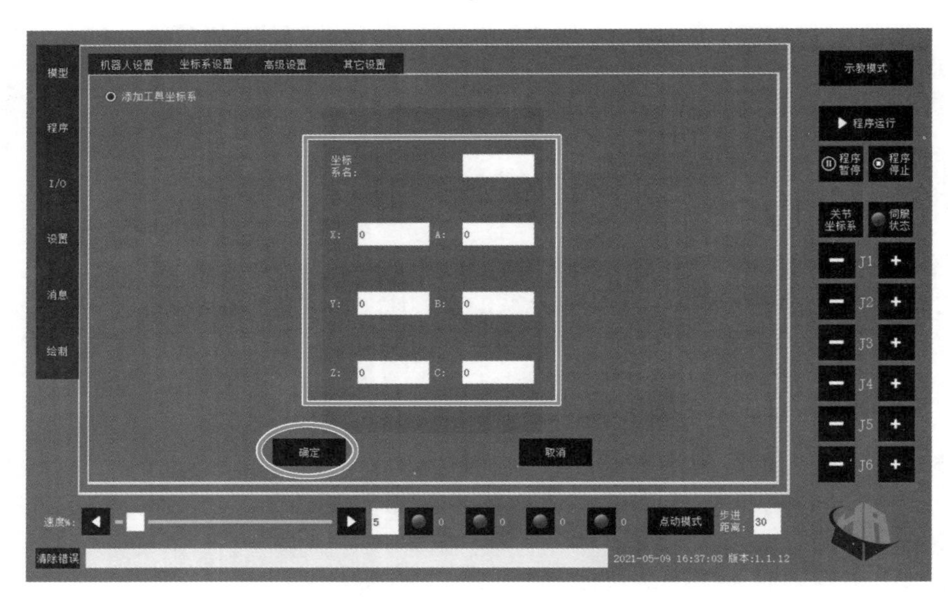

b)

图 2-12　坐标系设置

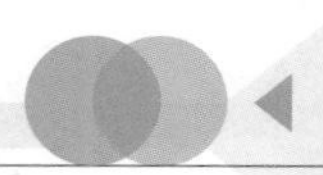

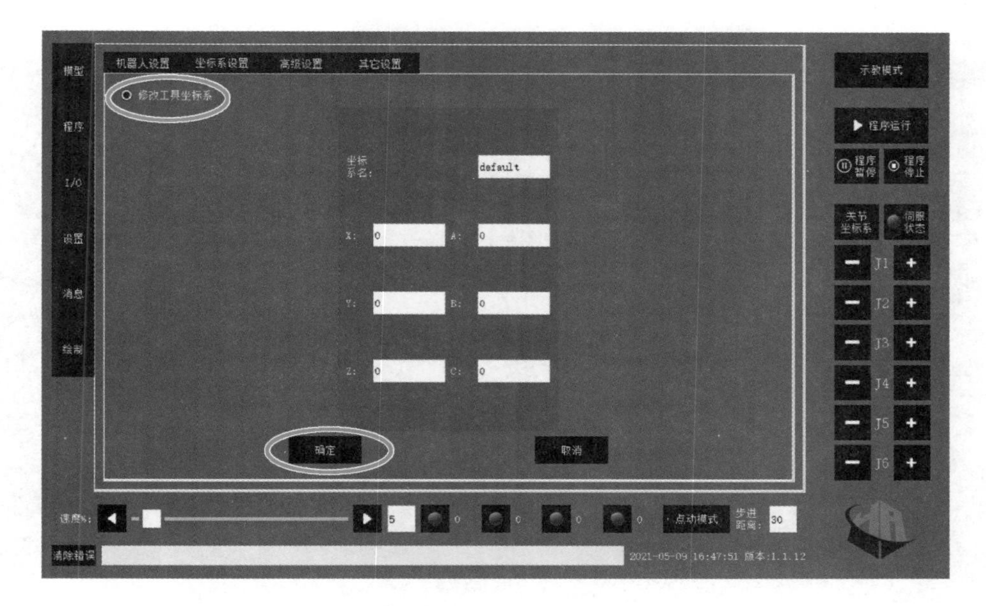

c)

图 2-12 坐标系设置（续）

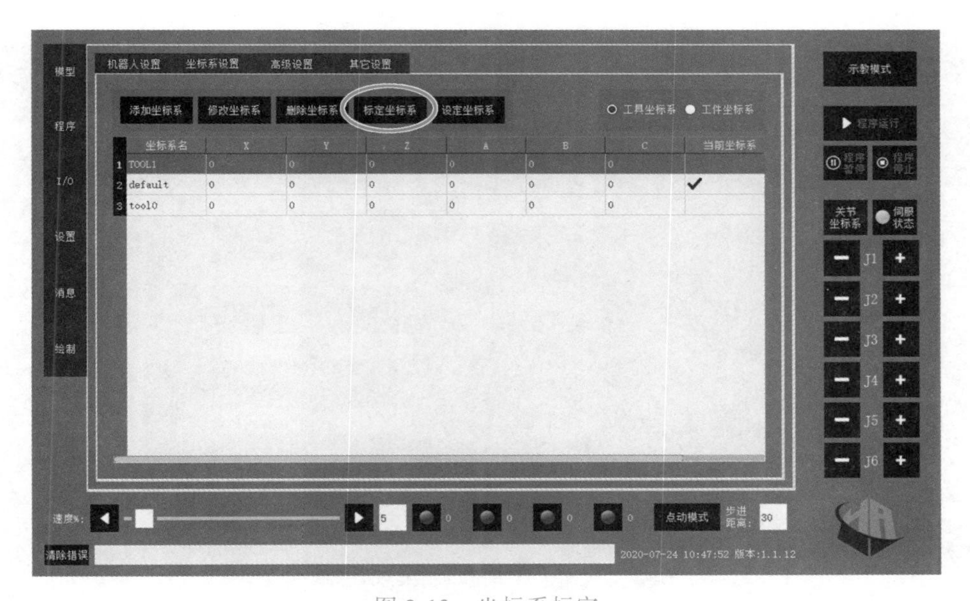

图 2-13 坐标系标定

b）重复以上操作 10 次，将 10 个工具点选取完毕（10 个点对尖姿态差距越大结果越准确）。

c）单击“标定”按钮，显示标定结果。

d）单击“确定”按钮完成标定。

② TCP+Z 标定。该模式下标定工具坐标系中心点以及坐标轴 Z 轴，标定方式和 TCP 标定方式一样，区别在于需要移动机器人到工具坐标系原点以及 Z 轴正方向上一个点，并单击“坐标原点选取”按钮和“坐标 Z 轴选取”按钮，如图 2-15 所示。

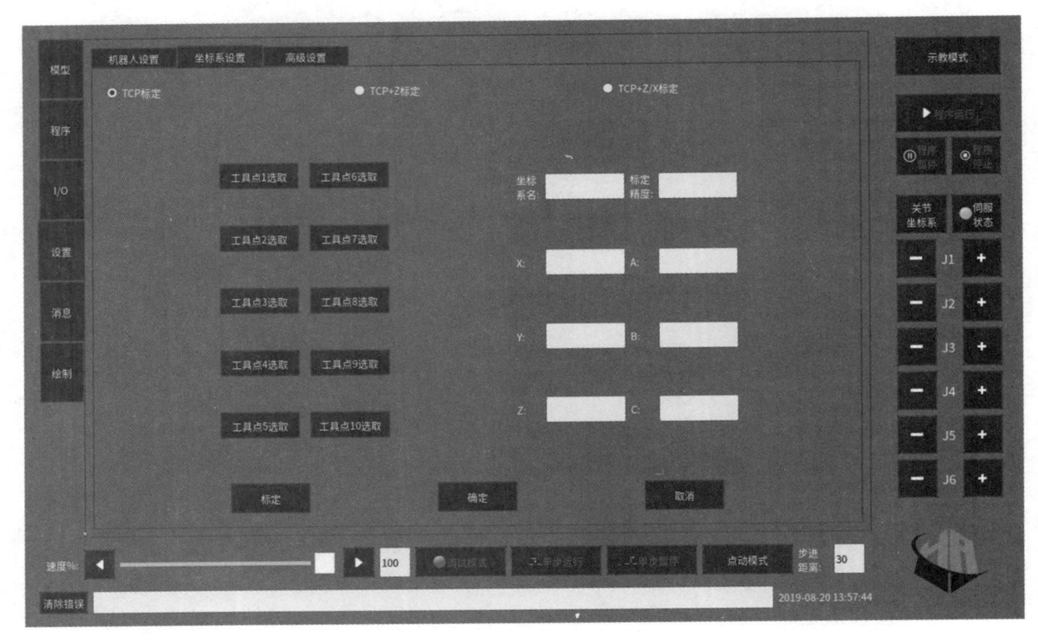

图 2-14　标定方式选取

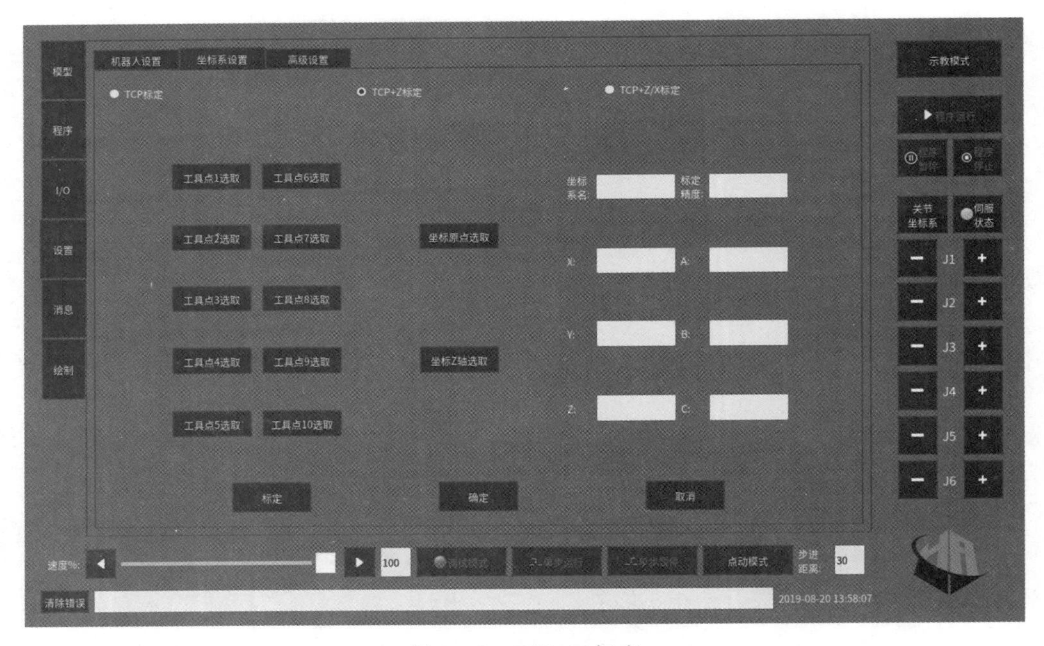

图 2-15　TCP+Z 标定

③ TCP+Z/X 标定。该模式下标定工具坐标系中心点以及坐标轴 *Z*/*X* 轴，标定方式和 TCP 标定方式一样，区别在于需要移动机器人到工具坐标系原点以及 *Z*/*X* 轴正方向上一个点，并单击“坐标原点选取”按钮、“坐标 Z 轴选取”按钮和“坐标 *X* 轴选取”按钮，如图 2-16 所示。

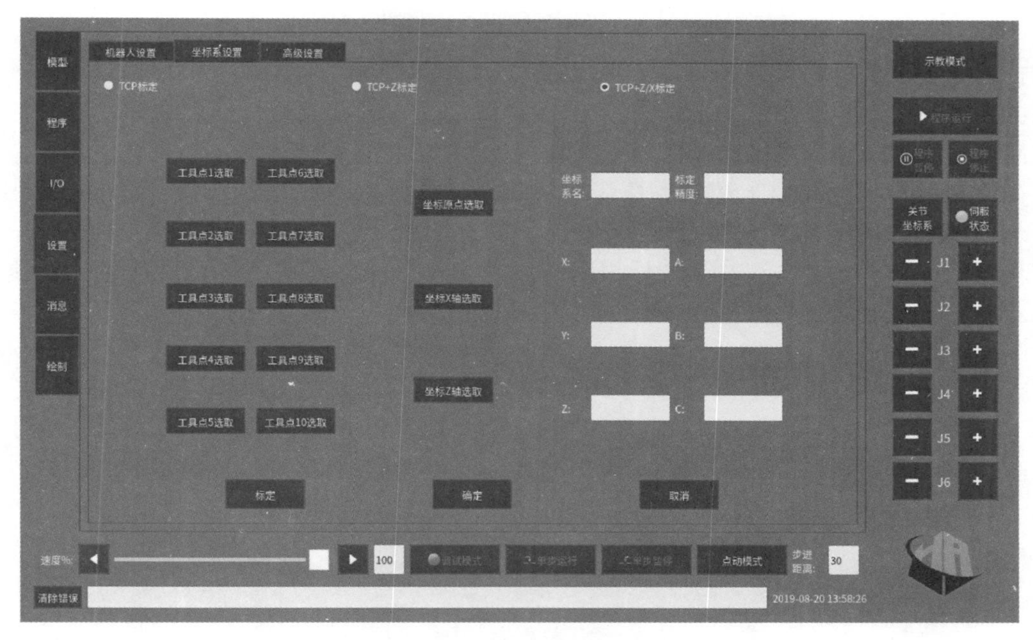

图 2-16　TCP+Z/X 标定

四、点动与步进操作

1. 点动操作

打开系统并将伺服使能后，即可进行示教编程操作。在模型界面可观察工业机器人三维仿真模型，如图 2-17 所示。

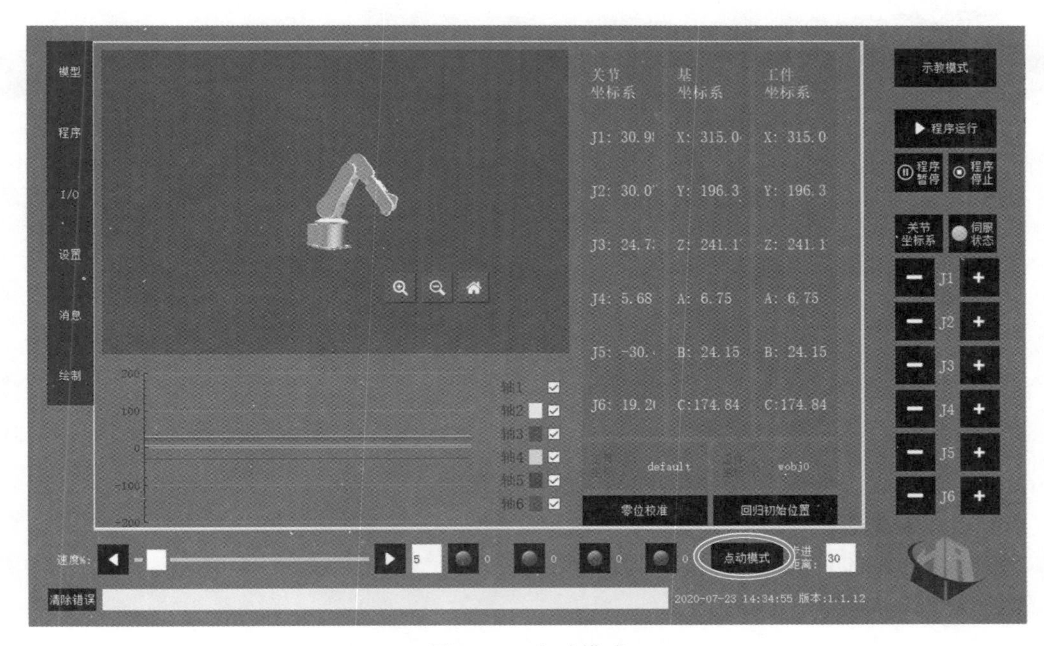

图 2-17　点动模式

点动是最常用的示教操作方式，根据坐标系选择的不同，分关节点动和末端点动两种方式。

在选择关节坐标系后，单击各个轴“+”“–”按钮即可对各轴进行关节点动操作。按下按钮关节开始运动，松开按钮运动结束。在界面左下方可调节运行速度百分比。可通过模型右侧坐标数据以及下方波形图观察各关节转动度数。

在选择世界坐标系、末端坐标系或者用户坐标系后，即可进行末端点动操作，此时界面右侧各关节 J1~J6 对应变换成笛卡儿坐标系的 6 个分量“X”“Y”“Z”“A”“B”“C”，同样单击“+”“–”可对各关节进行相应的点动操作，在界面左下方也可调节运行速度百分比。

2. 步进操作

在笛卡儿坐标系模式下可选择“步进模式”：在示教器右下方可设置“步进距离”（*X*、*Y*、*Z* 步进时单位为 mm，*A*、*B*、*C* 步进时单位为 °），此时单击“+”“–”按钮，工业机器人末端沿相应方向移动设置的步进距离。同样，步进的速度百分比可以在界面左下方调节，如图 2-18 所示。

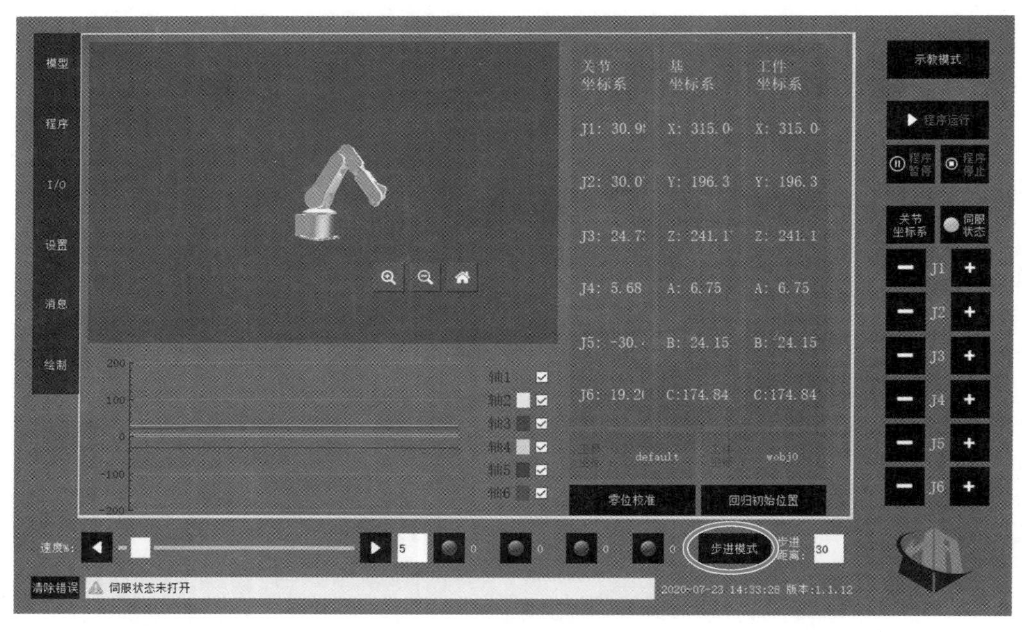

图 2-18　步进模式

五、程序编制与调试

1. 编程界面

单击界面左侧“程序”按钮进入程序界面，如图 2-19 所示。

2. 程序结构

一段完整的工业机器人程序包括以下几部分。

（1）轨迹设置

工业机器人从空间某一点移动到另外一点的路径轨迹可以有多种类型，常见的有关节运动、直线运动、圆弧运动以及样条曲线运动等。编写机器人程序时，需要根据不同的环境以及任务要求选择合适的轨迹运动方式来完成机器人动作任务。

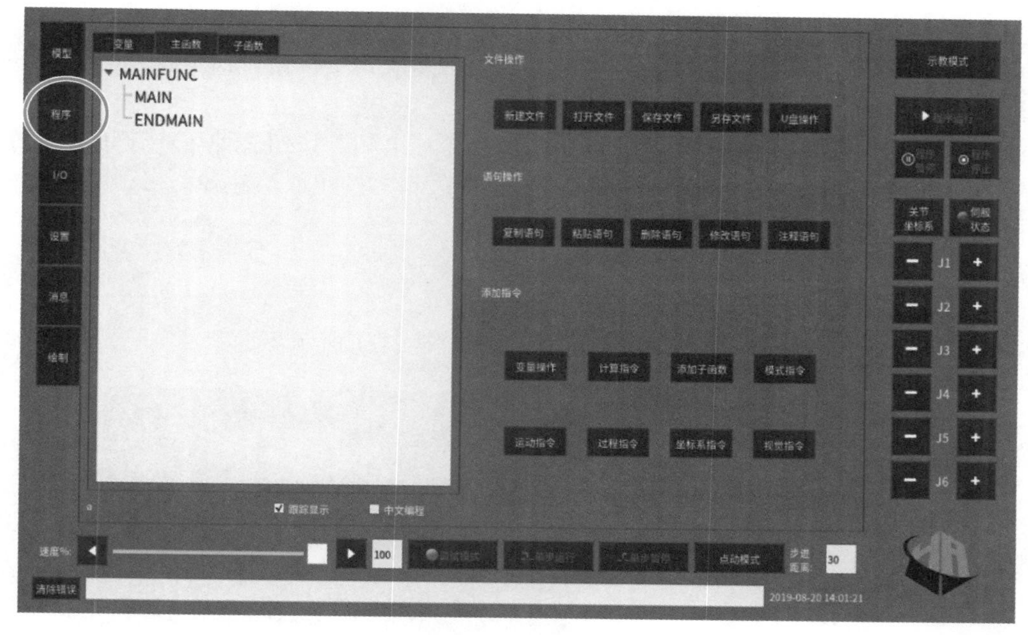

图 2-19　程序界面

（2）逻辑指令

逻辑指令能够实现复杂的机器人任务程序，使机器人完成更加复杂多样的任务，常见的逻辑指令包括循环、条件循环及判断等。

（3）I/O 控制

工业机器人通常需要和外部设备配合来完成相应的工作，如 PLC、传感器、气缸等。这时可以通过 I/O 口与设备实现通信，既可以向设备发出信号，也可以接受并读取设备发来的信号。

3. 程序文件操作

在程序界面的右侧有文件操作栏，有“新建文件”“打开文件”“保存文件”“另存文件”“U 盘操作”五个功能按钮，如图 2-19 所示。

1）新建文件：建立一个新的编程项目。

2）打开文件：打开一个现有的文件。

3）保存文件：将正在编辑的项目保存。

4）另存文件：将正在编辑的项目另存为一个新的文件。

5）U 盘操作：可将程序复制到 U 盘或者从 U 盘复制程序到示教器。

4. 程序语句操作

在文件操作栏下是程序语句操作栏，可以对程序语句进行修改操作。

1）复制语句：选中程序中想要复制的语句，单击“复制语句”按钮，即可复制当前选中的语句。

2）粘贴语句：在想要粘贴的语句位置，单击“粘贴语句”按钮，即可将复制下的语句粘贴到选中位置处。

3）删除语句：选中程序中想要删除的语句或者变量，单击“删除语句”按钮，即可将选中的语句或者变量删除。

注意： 删除变量时需要注意函数中是否用到这个变量，若正在使用此变量，则加载程

序时可能发生错误。

4）修改语句：选中想要修改的语句，单击“修改语句”按钮，即可跳转到相应修改页面进行修改。

5）注释语句：选中想要注释的语句，单击“注释语句”按钮，即可将该语句设置为注释语句，此时无法运行该段程序，再次单击“注释语句”按钮取消注释。

5. 添加指令

在程序界面右侧有添加指令菜单栏。

（1）变量指令

单击“变量操作”按钮，如图 2-20 所示，进入图 2-21 所示界面。

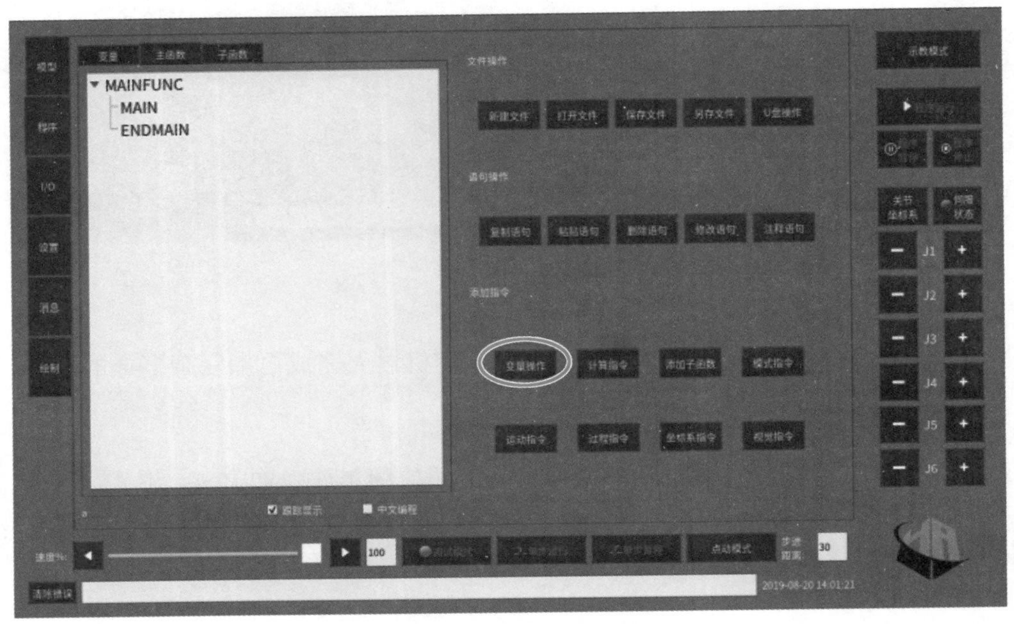

图 2-20　文件管理及变量操作

在示教器屏幕右侧上方选择需要添加的变量类型，分别有以下几种。

1）JOINT。添加步骤如下。

① 选中此变量后，在“变量名称”文本框中输入变量名称，注意体现变量类型（例如，“JO01”）。

② 在“变量名称”文本框右侧的 6 个文本框中手动输入机器人 6 个轴的位置数据，或者将机器人移动到相应位置，单击“插入当前位置”按钮即可将机器人所在的位置记录下来。

③ 确认无误后单击“确定”按钮即可完成变量添加。

注意：手动输入数据时应保证输入点的正确性和移动时与周围环境的安全性。

2）TERMINAL。如图 2-21 所示，添加步骤如下。

① 选中此变量后，在“变量名称”文本框中输入变量名称，注意体现变量类型（例如，“TER01”）。

② 在“变量名称”文本框右侧的 6 个文本框中输入机器人末端数据“X”“Y”“Z”“A”“B”“C”的值，和 JOINT 变量类似，这 6 个数据也可以通过机器人当前位置直接插入。

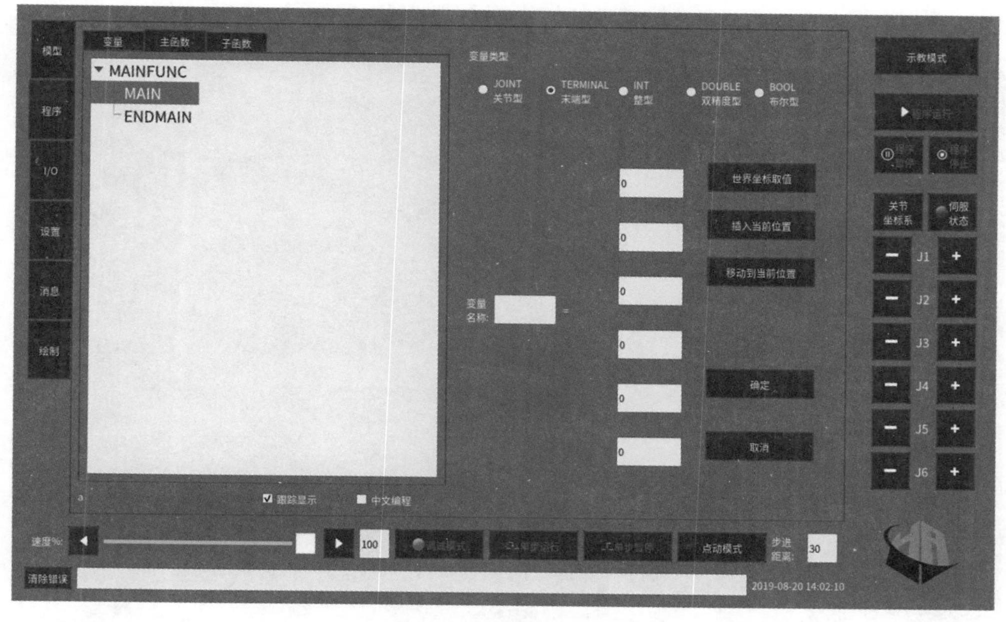

图 2-21　TERMINAL 变量

③ 根据选择“世界坐标取值”或者“用户坐标取值”来指明 TERMINAL 的值相对于哪个坐标系而言。若选中的是用户坐标系，则填入的数据就是相对于用户坐标系而言的，实际坐标系是根据坐标系切换按钮设定而定的。

④ 单击“确定”按钮，完成该变量的添加。

注意：若路径点（路点）输入的值是相对变化量，则不可以单击“移动到当前位置”按钮。

说明：JOINT 代表关节坐标，TERMINAL 代表末端坐标。

a. 6 个轴在转动时的运动是 JOINT 关节运动。

b. 末端点（以第六轴的法兰盘中心为基准）沿 *X*、*Y*、*Z* 轴方向进行直线运动是 TERMINAL 末端坐标的运动。

3）INT。如图 2-22 所示，添加步骤如下。

① 选中此变量，在“变量名称”文本框中输入变量名称，注意体现变量类型（例如，“INT01”）。

② 在“变量名称”右侧的文本框中输入一个整数数字。

③ 单击“确定”按钮完成变量添加。

4）DOUBLE。如图 2-23 所示，添加步骤如下。

① 选中此变量，在“变量名称”文本框中输入变量名称，注意体现变量类型（例如，“DOU01”）。

② 在“变量名称”文本框右侧的文本框中输入一个双精度浮点型数字。

③ 单击“确定”按钮完成变量添加。

5）BOOL。如图 2-24 所示，添加步骤如下。

① 选中此变量，在“变量名称”文本框中输入变量名称，注意体现变量类型（例如，“BOOL01”）。

② 在“变量名称”文本框右侧的下拉列表框中选择“TRUE”或者“FALSE”。

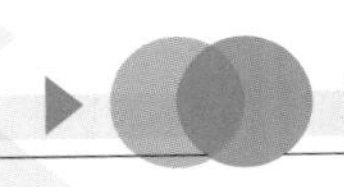

③ 单击“确定”按钮完成变量添加。

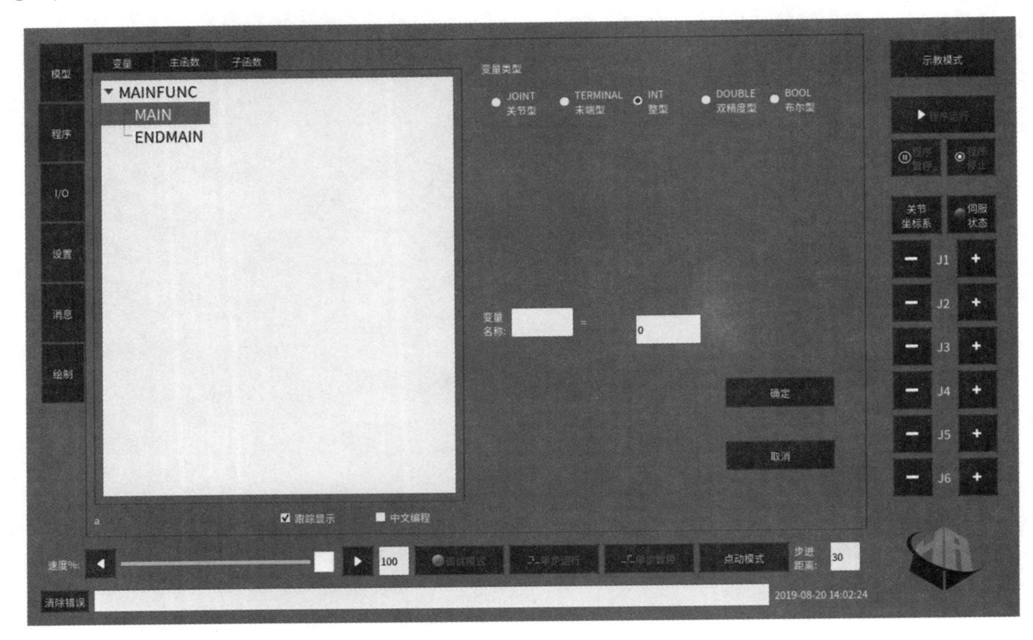

图 2-22　INT 变量

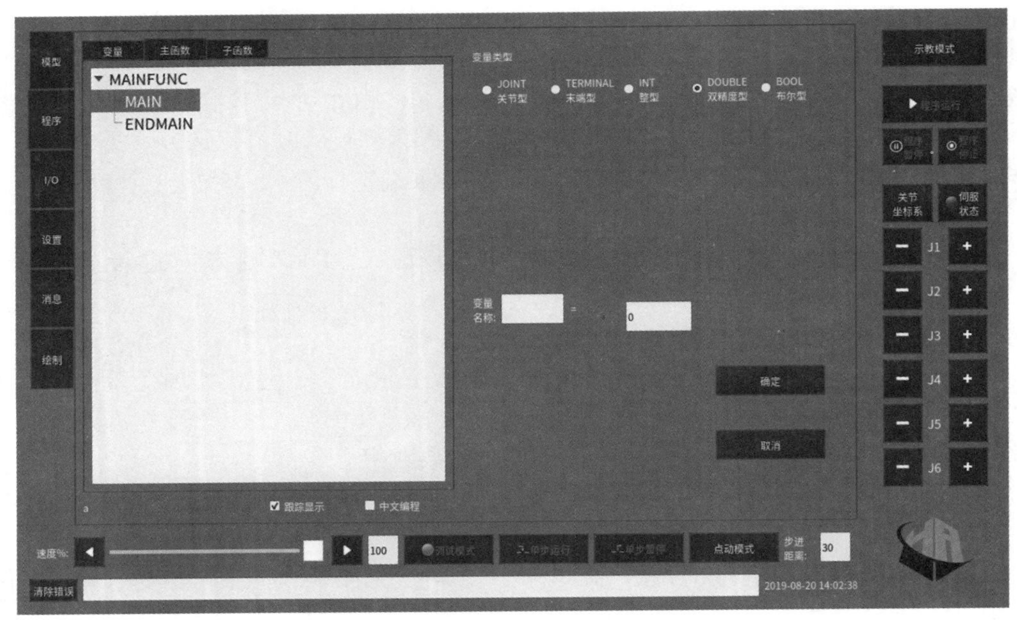

图 2-23　DOUBLE 变量

（2）计算指令

在图 2-20 所示界面上单击“计算指令”按钮，进入图 2-25 所示界面。

在判断符号前的文本框中只能输入变量名，可通过下拉列表框快速选择已经建立的变量；判断符号后的下拉列表框按表 2-3 所示规则填写。

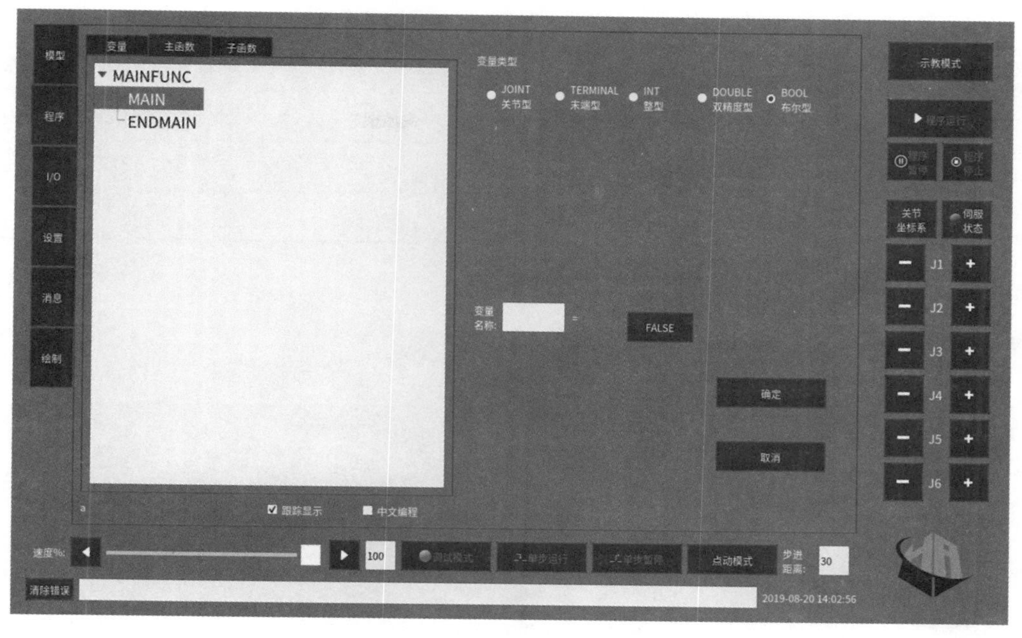

图 2-24　BOOL 变量

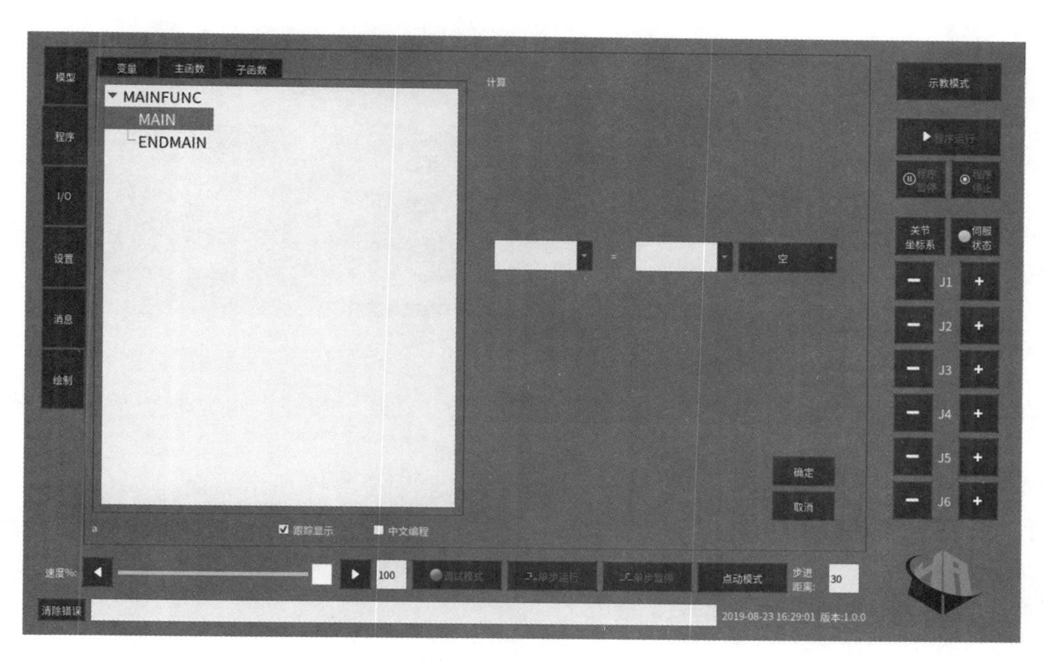

图 2-25　计算指令

表 2-3　计算指令规则表

变量类型	框 1 输入	支持符号	框 2 输入
JOINT	JOINT	+，-	JOINT
TERMINAL	TERMINAL	+，-	TERMINAL

（续）

变量类型	框 1 输入	支持符号	框 2 输入
INT	INT/ 输入数值	+，-，*，/，%	INT/ 输入数值
DOUBLE	DOUBLE/ 输入数值	+，-，*，/	DOUBLE/ 输入数值
BOOL	BOOL/ 输入 TRUE 或 FLASE	无	无

输入完成后，单击“确定”按钮完成添加。

（3）子函数指令

在图 2-20 所示界面中单击“添加子函数”按钮，进入图 2-26 所示界面。

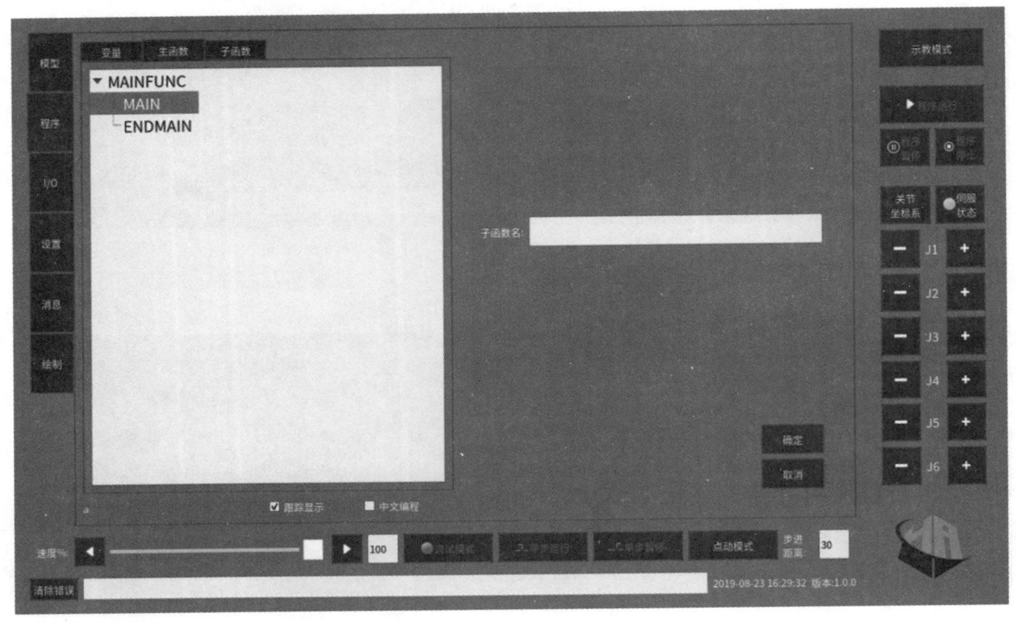

图 2-26　添加子函数

在“子函数名”文本框中输入子函数名称，单击“确定”按钮即可完成子函数的添加。

（4）运动指令

在图 2-20 所示界面中单击“运动指令”按钮，进入图 2-27 所示界面。

1）关节运动。关节运动在机器人的关节空间进行规划，因此对末端轨迹不可知，使用时必须确保不会由此带来安全隐患。关节运动可以添加拟合多个路点，建议添加尽可能多的路点以增加运动的可控性和拟合的平滑性。

添加关节运动轨迹的步骤如下。

① 在程序中选择插入的位置。

② 选择“MOVJ”“MOVJR”“MOVABSJ”“MOVABSJR”四条指令中的一条，填入速度百分比。

③“MOVJ”“MOVJR”指令需要选择对应的坐标系，单击“下一步”按钮进入添加路点界面，如图 2-28 所示。

④ 路点添加完成后，单击“确定”按钮即可完成运动轨迹的添加。

可为关节运动添加任意多个路点。若选择“MOVJ”“MOVJR”指令，则添加

TERMINAL 类型的路点，如图 2-28 所示，路点添加方式有以下三种。

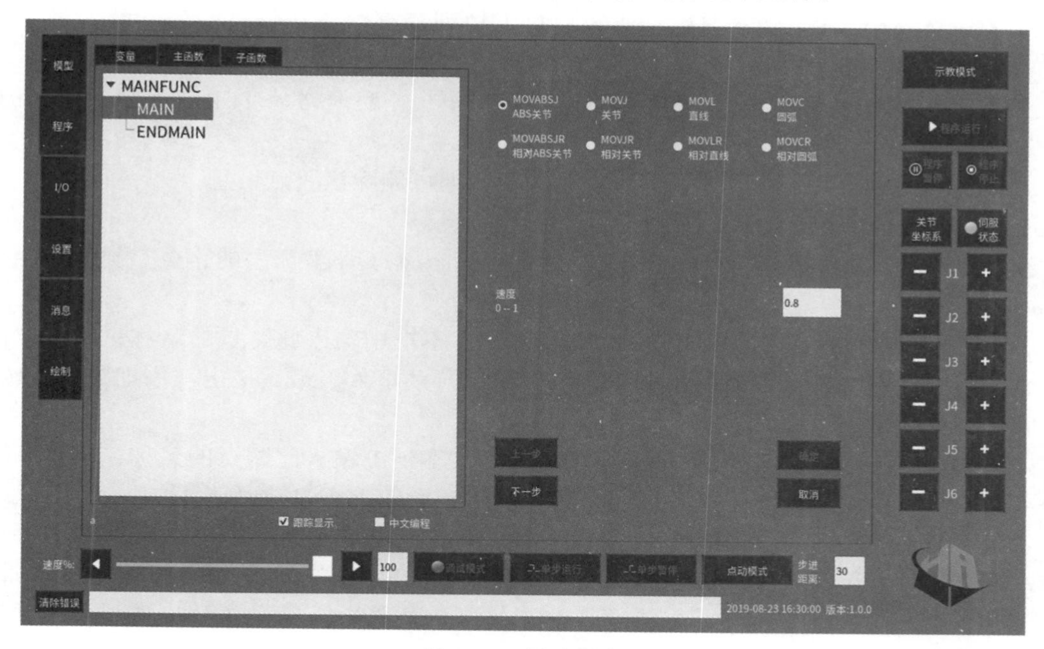

图 2-27　运动指令

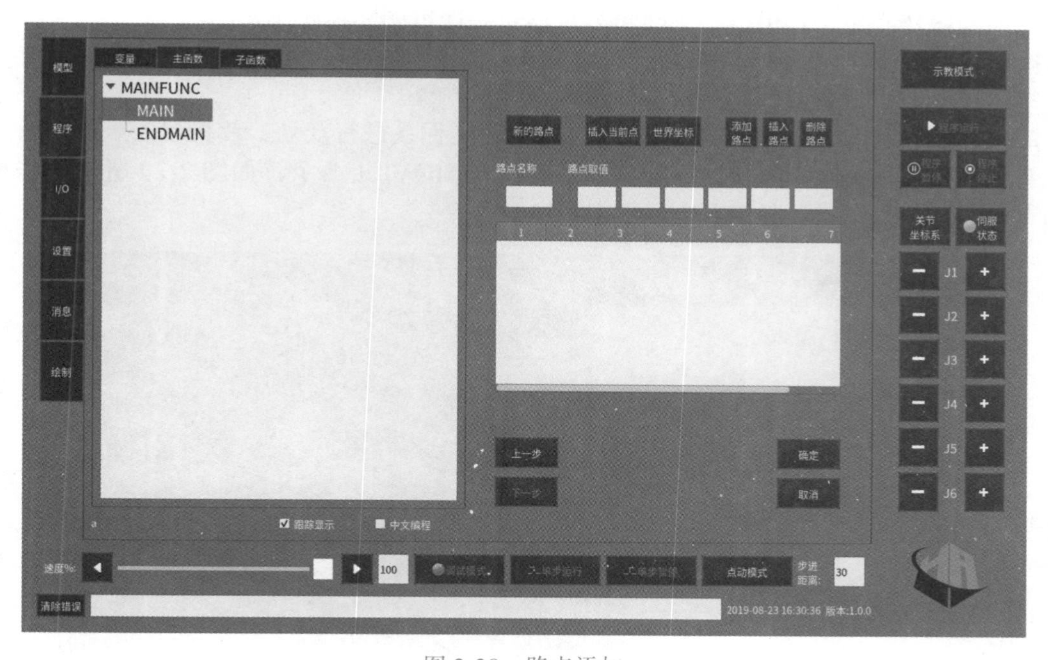

图 2-28　路点添加

① 单击“新的路点”按钮，在“路点名称”文本框中输入此路点的名称；单击“插入当前点”按钮，则将机器人当前位置的笛卡儿坐标值自动填入，最后单击“添加路点”按钮，将生成一个新的 TERMINAL 类型变量。

② 单击“新的路点”按钮，在“路点名称”文本框中输入此路点的名称；再手动输入该路点的数值，单击“添加路点”按钮，将生成一个新的 TERMINAL 类型变量。

③ 单击“新的路点”按钮，切换到“已有路点”，在“路点名称”文本框中输入已经建立的 TERMINAL 类型变量名称，或者通过下拉列表框快速选择已经建立的变量。单击“添加路点”按钮完成添加。

注意：若不输入路点名称，系统将自动添加一个由系统命名的 TERMINAL 类型的变量储存该路点，命名方式为 ter+ 数字序号。

选中已建立的路点，单击“删除路点”按钮，即可删除该路点信息。

注意：删除路点并不删除对应变量。

若选择“MOVABSJ”“MOVABSJR”指令，则添加 JOINT 类型的路点。类似地，有三种添加方式。

① 单击“新的路点”按钮，在“路点名称”文本框中输入此路点的名称；单击“插入当前点”按钮，则将机器人当前位置的关节坐标值自动填入，最后单击“添加路点”按钮，将生成一个新的 JOINT 类型变量。

② 单击“新的路点”按钮，在“路点名称”文本框中输入此路点的名称；再手动输入该路点的数值，单击“添加路点”按钮，将生成一个新的 JOINT 类型变量。

③ 单击“已有路点”按钮，在“路点名称”文本框中输入已经建立的 JOINT 类型变量名称，或者通过下拉列表框快速选择已经建立的变量，单击“添加路点”按钮完成添加。

注意：若不输入路点名称，系统将自动添加一个由系统命名的 JOINT 类型的变量储存该路点，命名方式为 joP+ 数字序号。

选中已建立的路点，单击“删除路点”按钮，即可删除该路点信息。

注意：删除路点并不删除对应变量。

编辑完成后，将在“函数”列表增加此段运动轨迹。

2）直线运动。直线运动在机器人末端笛卡儿坐标系进行规划，使机器人末端沿直线运动。直线运动指令有绝对模式 MOVL 和相对模式 MOVLR 两个，如图 2-29 所示。添加步骤如下。

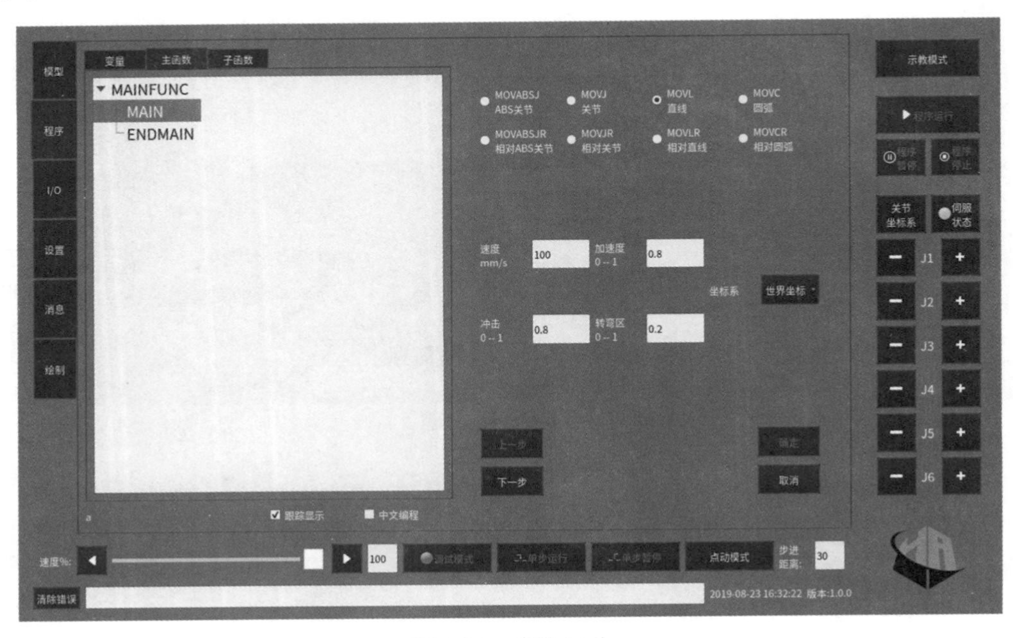

图 2-29　直线运动

① 在示教器右侧选择“MOVL”或“MOVLR”指令。

② 填入速度值、加速度值、冲击以及转弯半径比例，如图 2-29 所示，单击“下一步”按钮。

③ 添加路点（添加方式参照关节运动）。

④ 添加路点完成后单击“确定”按钮。

3）圆弧运动。圆弧运动有绝对模式“MOVC”和相对模式“MOVCR”两条指令。添加步骤如下。

① 在示教器右侧选择“MOVC”或者“MOVCR”指令。

② 填入速度值、加速度值、冲击以及转弯半径比例，选择“整圆”或者“部分圆”，选择相对应的坐标系，如图 2-30 所示。

③ 单击“下一步”按钮。

④ 添加路点（添加方式参照关节运动）。

⑤ 添加路点完成后单击“确定”按钮。

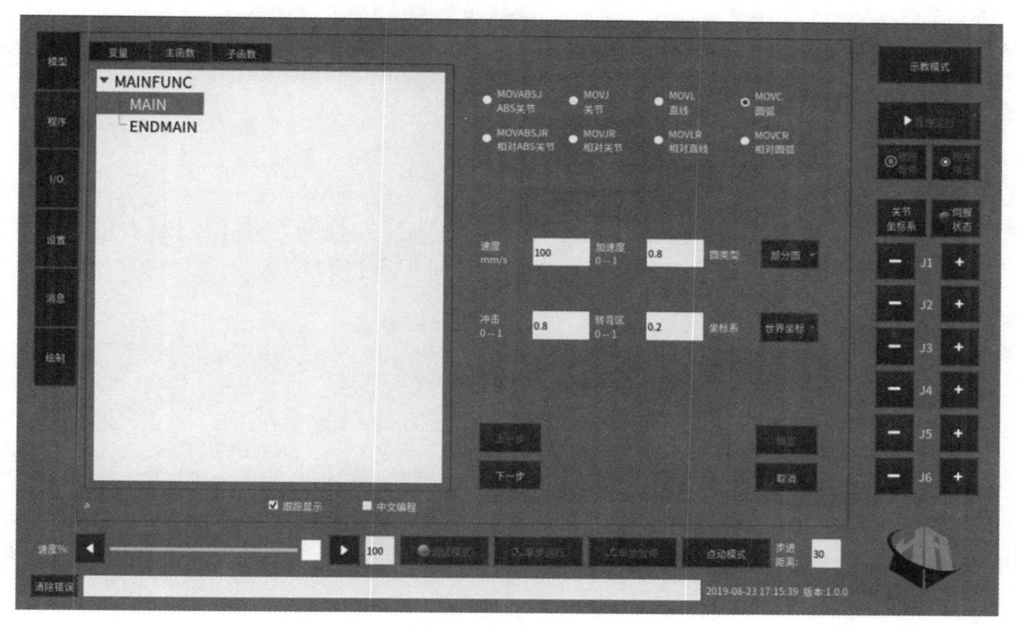

图 2-30　圆弧运动

（5）过程指令

在图 2-20 所示界面上单击“过程指令”按钮，进入图 2-31 所示界面。

在函数中选中添加指令的位置，选择要添加的过程指令。主要有以下几个过程指令。

1）“循环”指令添加步骤。

① 在示教器右侧选中该条指令。

② 在下方下拉列表框中选择“FOR”，在“循环次数”文本框中输入循环的次数，或者通过下拉列表框快速选择已经建立的 INT 类型变量，单击“确定”按钮。

③ 重复步骤“过程指令”—“循环”，在下拉列表框中选择“ENDFOR”。

④ 单击“确定”按钮完成指令的添加。添加完成后，可实现“FOR”—“ENDFOR”之间的循环。

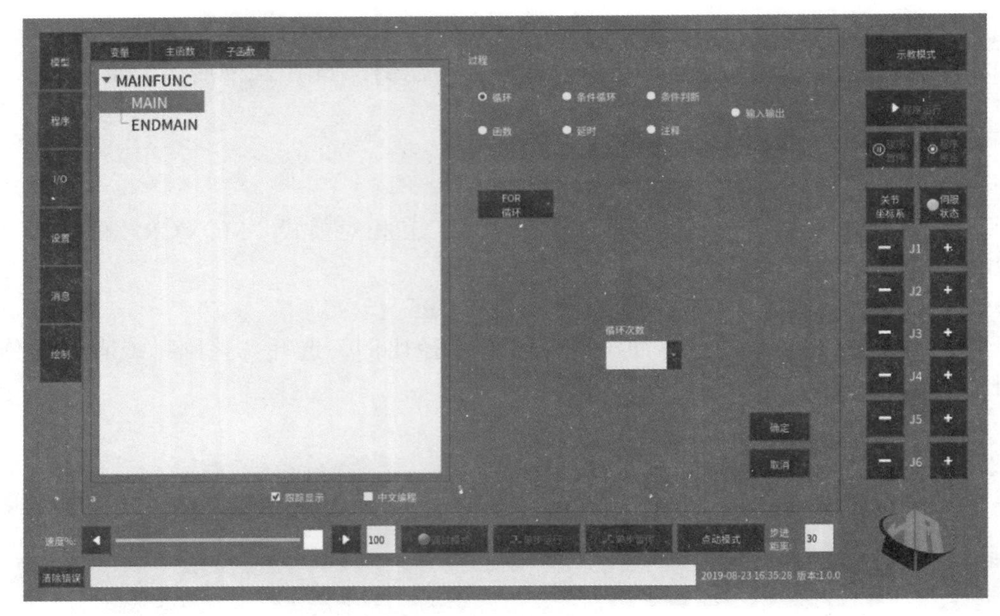

图 2-31　过程指令

2）“条件循环”指令添加步骤。

① 在示教器右侧选中该条指令。

② 在第一个下拉列表框中选择“WHILE”，分别输入判断左值和判断右值，或者通过下拉列表框快速选择已经建立的变量。按表 2-4 所列规则进行输入。

表 2-4　条件循环规则表

变量类型	对应判断输入
INT	INT/ 数字
DOUBLE	DOUBLE/ 数字
BOOL	BOOL/TRUE/FALSE

③ 在“判断左值”和“判断右值”中间的下拉列表框中选择判断条件，如图 2-32 所示。

④ 单击“确定”按钮。

⑤ 重复步骤“过程指令”—“条件循环”。

⑥ 在下拉列表框中选择“ENDWHILE”。

⑦ 单击“确定”按钮完成指令的添加。

3）“条件判断”指令添加步骤。

① 如图 2-33 所示，在示教器右侧选中该条指令。

② 在下拉列表框中选择“IF”，在数值框中输入的规则见表 2-4。

③ 在“判断左值”和“判断右值”中间的下拉列表框中选择判断条件。

④ 重复步骤“过程指令”—“条件判断”。

⑤ 在下拉列表框中选择“ENDIF”，单击“确定”按钮完成指令的添加。添加完成后，可实现在“IF”和“ENDIF”之间的程序判断执行。同时，在“IF”后还可以插入“ELSE”，若“IF”和“ELSE”在循环中也可插入“BREAK”和“CONTINUE”来跳出或

继续循环。

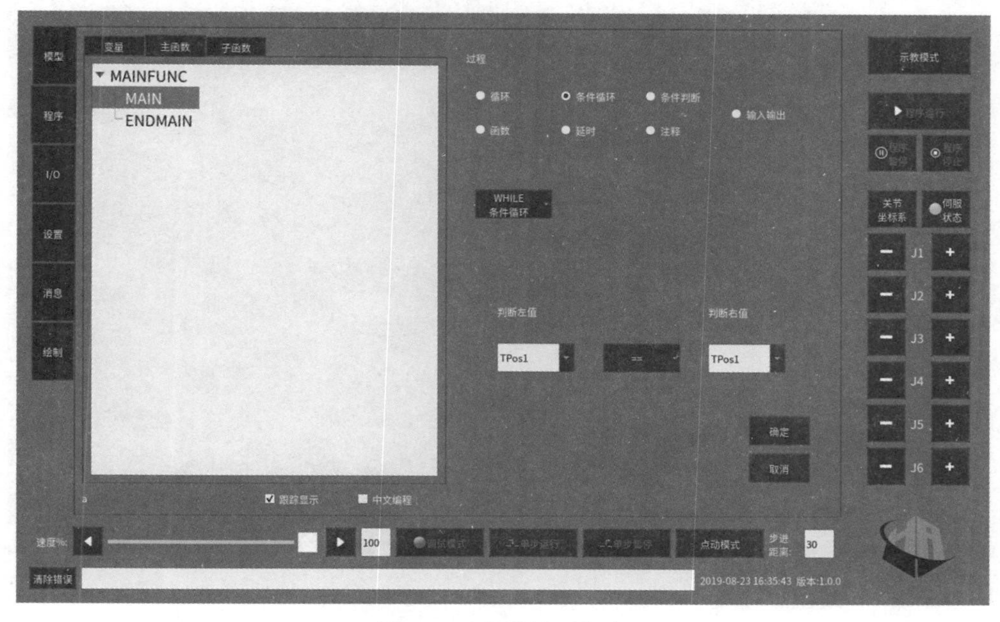

图 2-32　条件循环指令

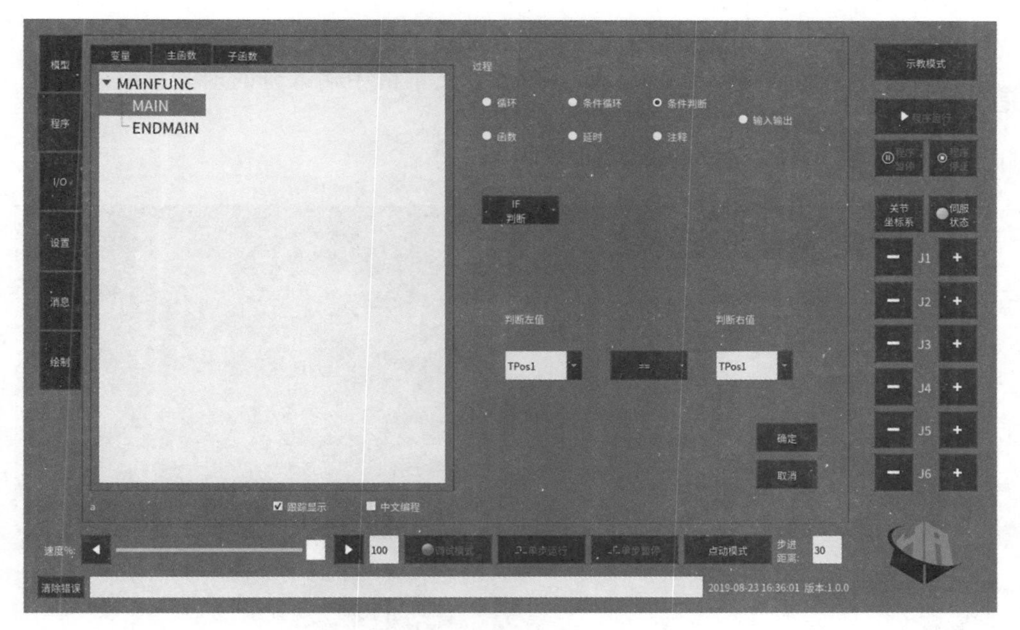

图 2-33　条件判断指令

4）“函数”指令添加步骤。

① 如图 2-34 所示，在示教器右侧选中该条指令。

② 在下拉列表框中选择“CALL”，输入想要调用的函数名，或者通过下拉列表框快速选择已经建立的子函数，单击“确定”按钮完成调用。

③ 重复步骤“过程指令”—“函数”。

④ 在下拉列表框中选择“RETURN”退出子函数或者结束主函数运行。

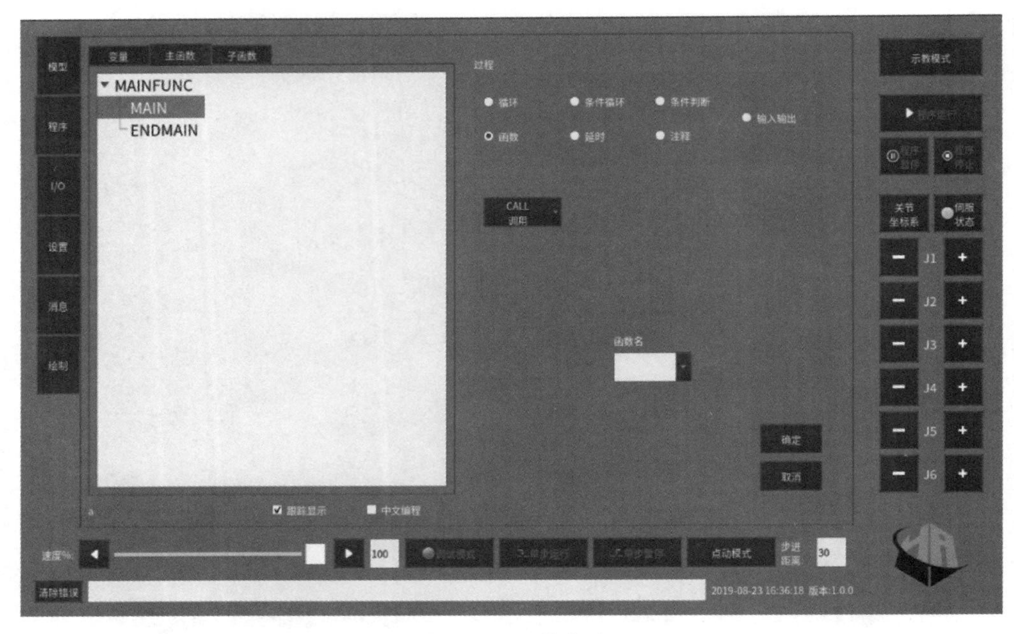

图 2-34　函数指令

5）“延时”指令添加步骤。

① 如图 2-35 所示，在示教器右侧选中该条指令。

② 在下拉列表框中选择“DELAY”，在下方文本框中输入延时时长（单位为 s），或者通过下拉列表框快速选择已经建立的 INT 型变量。

③ 单击“确定”按钮完成延时指令的添加。

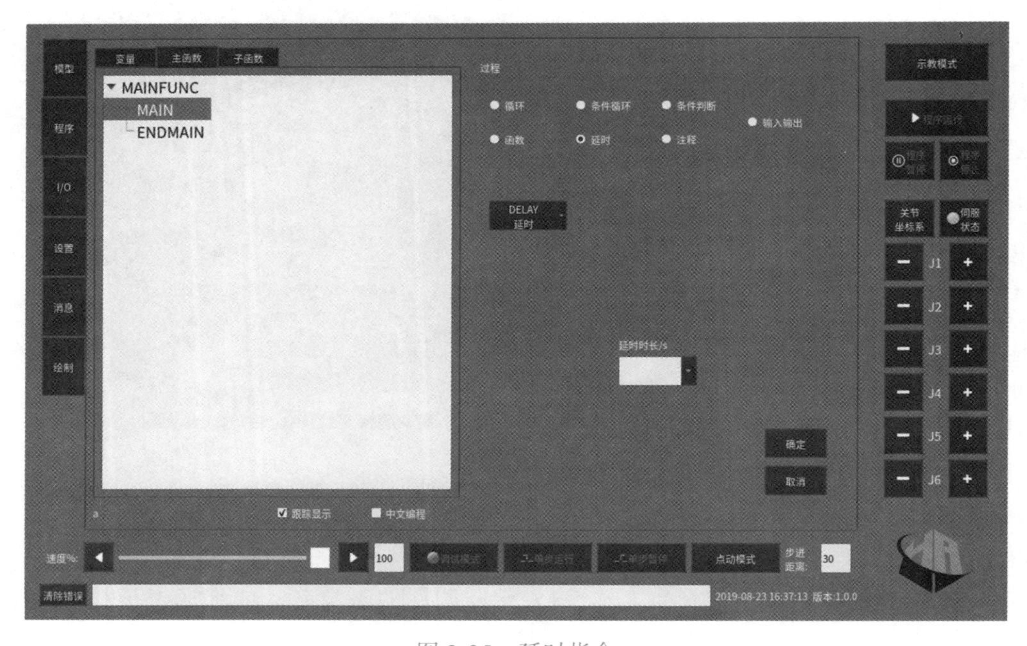

图 2-35　延时指令

6）“注释”指令添加步骤。

① 如图 2-36 所示，在示教器右侧选中该条指令。
② 在下拉列表框中选择“COM”，在下方文本框中输入注释内容。
③ 单击“确定”按钮完成注释的添加。

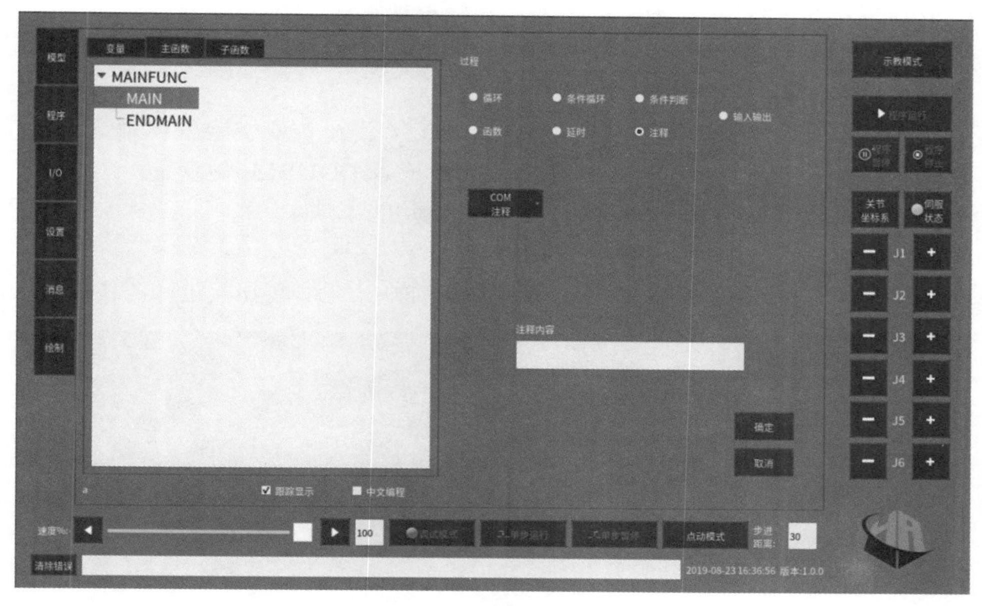

图 2-36　注释指令

7）“输入输出”指令添加步骤。

① 如图 2-37 所示，在示教器右侧选中该条指令。

② 在下拉列表框中选择“WAITDIN”。

③ 在左侧文本框中输入“输入端口号（如 DI2）”，在右侧文本框中输入“输入端口状态（ON/OFF）”，或者通过下拉列表框快速选择输入信号。

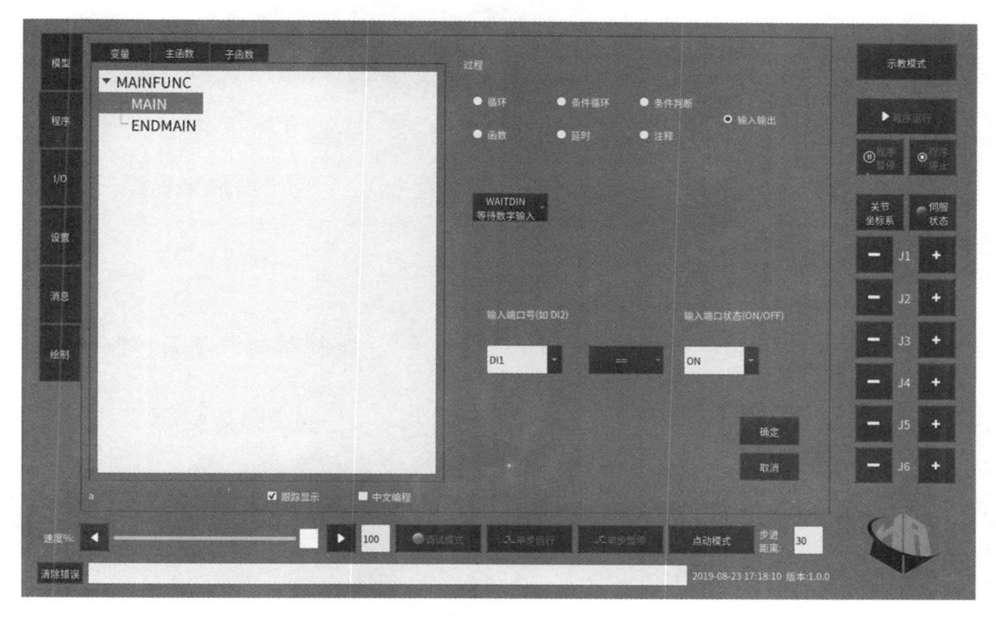

图 2-37　输入输出指令

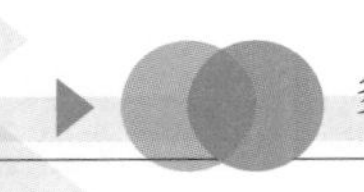

④ 单击“确定”按钮即可完成等待输入信号语句的添加。

⑤ 在下拉列表框中选择“DOUT”。

⑥ 在左侧文本框中输入“输出端口号（如 DO2）”，在右侧文本框中输入“输出端口状态（ON/OFF）”，或者通过下拉列表框快速选择输出信号。

⑦ 单击“确定”按钮即可完成输出信号语句的添加。

⑧ 在下拉列表框中选择“AOUT”。

⑨ 在左侧文本框中输入“输入端口号（如 AO2）”，在右侧文本框中输入“数值”，或者通过下拉列表框快速选择已经建立的 INT 型变量或者 DOUBLE 型变量。

⑩ 单击“确定”按钮即可完成等待输入信号语句的添加。

（6）坐标系指令

在图 2-20 所示界面中选择一行语句，单击“坐标系指令”按钮，进入图 2-38 所示界面。

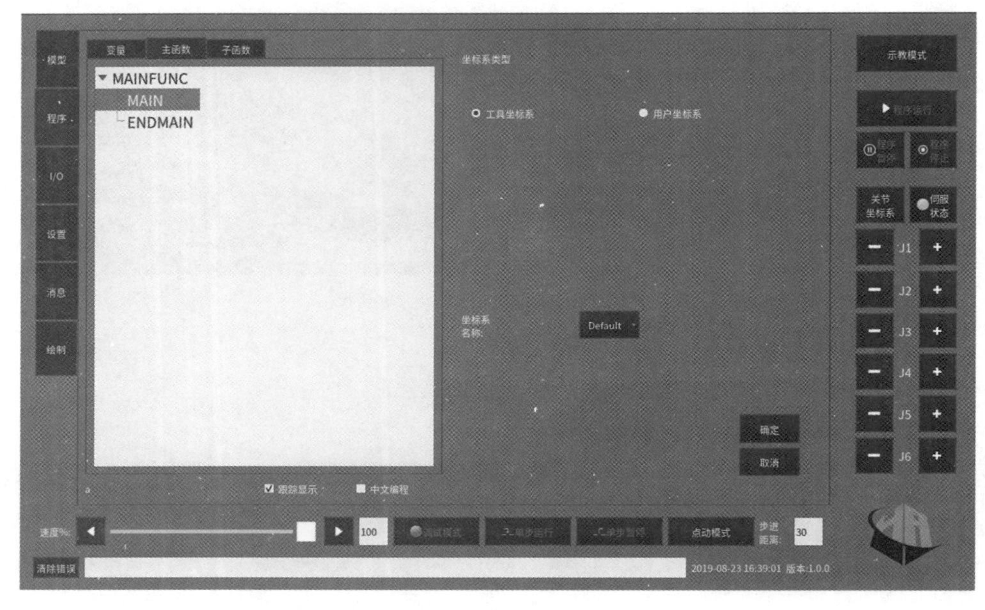

图 2-38　坐标系指令

添加步骤：

1）在示教器右侧可以选择坐标系类型：“工具坐标系”或“用户坐标系”。

2）通过下拉列表框选择坐标系。

3）单击“确定”按钮完成添加。

（7）视觉指令

使用“视觉指令”需要将带有 TCP 通信功能的视觉控制器与机器人控制器连接，并按照机器人控制器的格式发送视觉定位信息。

在图 2-20 所示界面中单击“视觉指令”按钮，进入图 2-39 所示界面。

在右侧选择一个视觉定位变量来储存获取的视觉定位数据，单击“确定”按钮完成“视觉指令”的设置。

6. 调试程序

调试程序步骤如下。

1）完成机器人程序编写。

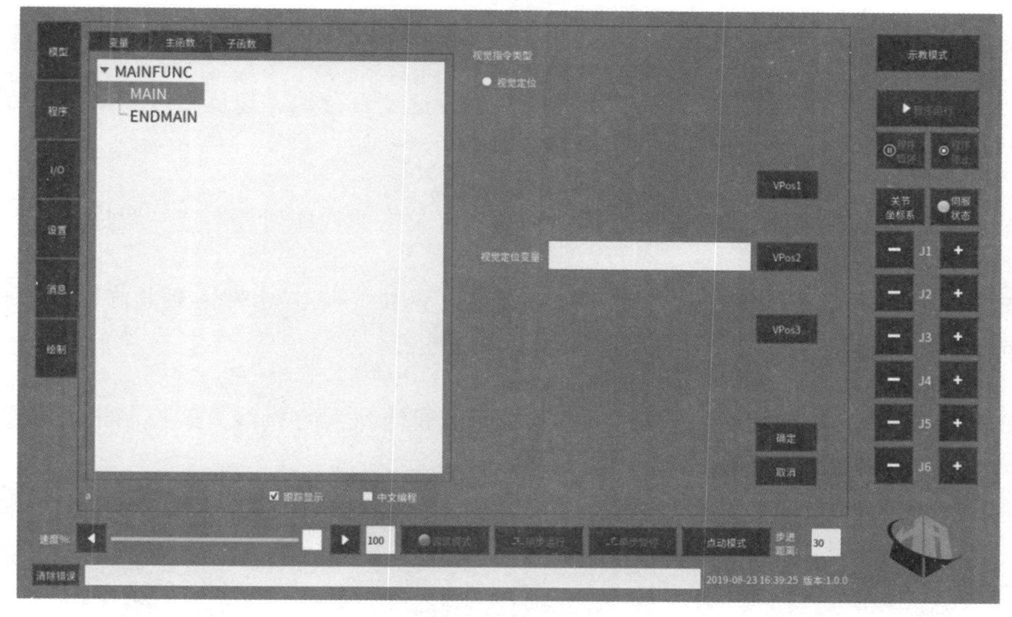

图 2-39　视觉指令

2）如图 2-40 所示，单击界面右侧模式按钮选择“再现模式”。

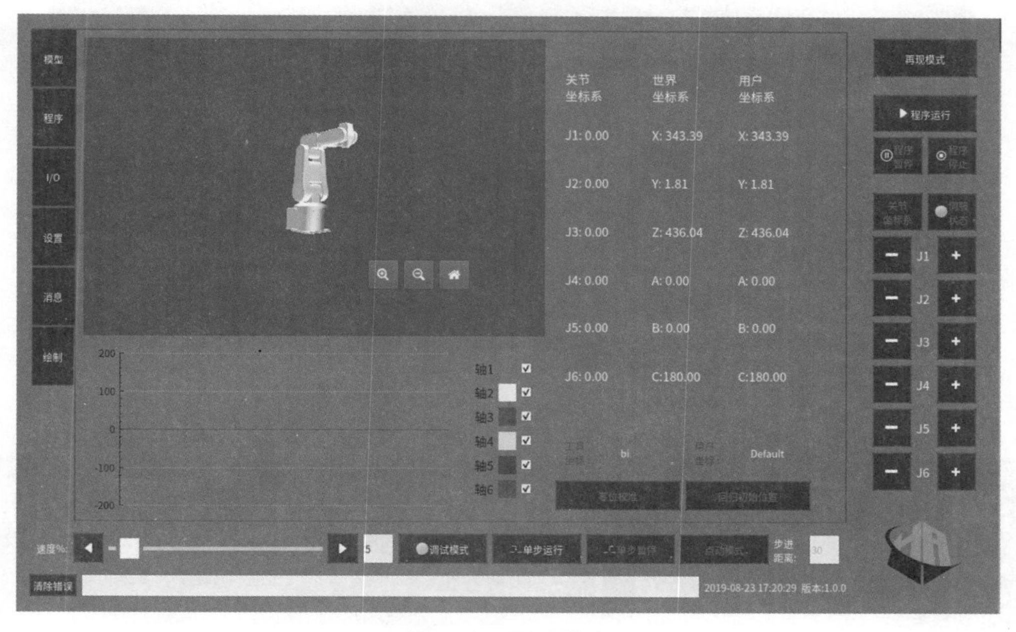

图 2-40　调试模式

3）单击“调试模式”按钮。

4）单击“单步运行”按钮和“单步暂停”按钮试运行机器人程序，“单步运行”功能是机器人单步执行运行轨迹，“单步暂停”功能是使机器人运行完当前轨迹后停止。

5）再次单击“调试模式”按钮退出该模式。

注意： 若机器人程序运行过程中出现错误，请按下急停按钮并单击界面右侧模式按钮选择“示教模式”修改机器人程序。

7. 运行程序

运行程序步骤如下。

1）在调试检查无误后，在示教器下方选择运行速度百分比，速度百分比只能在程序停止状态下调整。

2）单击右侧“程序运行”按钮。

3）机器人按照编程代码连续执行运动，用户可单击“程序暂停”或“程序停止”按钮进行相应操作。

注意： *在左侧程序框下方可勾选“跟踪显示”以使光标实时跳转至当前运行的代码，当机器人处于再现模式时，请与机器人保持安全距离。*

8. 远程模式

如图 2-41 所示，切换到远程模式后，可通过外部电气元件接线方式控制机器人程序运行、停止等操作，此时使用示教器无法操控机器人。

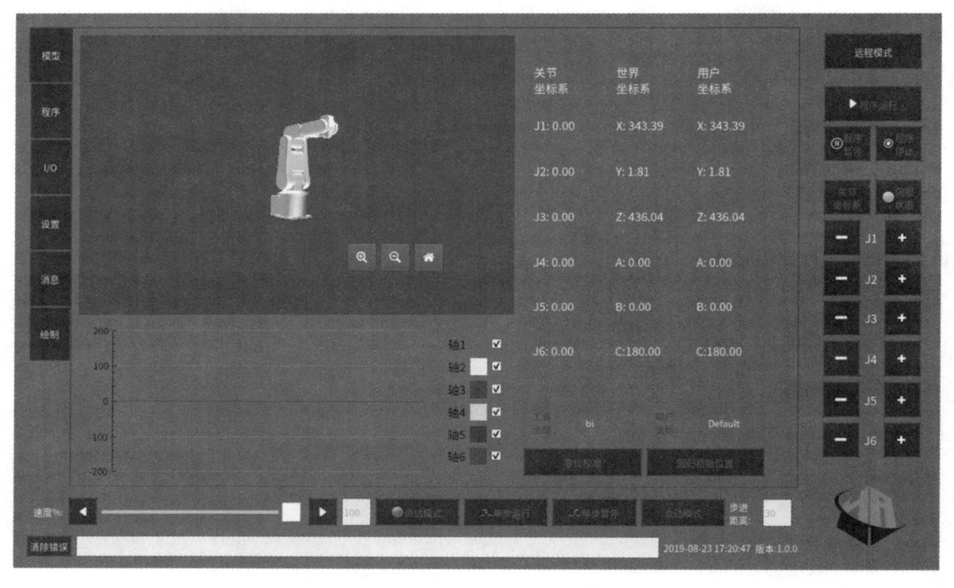

图 2-41 远程模式

任务 2 亚龙 YL-12B 型工业机器人基础实训设备的写字编程与操作

任务目标

【知识目标】

1. 了解写字工业机器人的组成。
2. 掌握写字工业机器人的编程与操作。

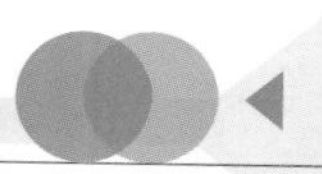

【能力目标】

1. 能对 YL-12B 型工业机器人基础实训设备进行坐标系标定。
2. 能用 YL-12B 型工业机器人基础实训设备进行写字绘图。

任务描述

如图 2-42 所示，使用工业机器人写字绘图功能在 A4 纸中间位置写出“亚龙”二字，字体清晰。

亚龙

图 2-42　编程任务

相关知识

一、模块介绍

写字模块主要由书写平台（图 2-43）和书写笔夹具（图 2-44）等组成。书写平台可供 A4 幅面纸张平放，也可根据要求自由更换纸张大小。书写笔夹具可轴向移动，保护在书写过程中笔尖与纸面接触而不造成笔尖损坏。

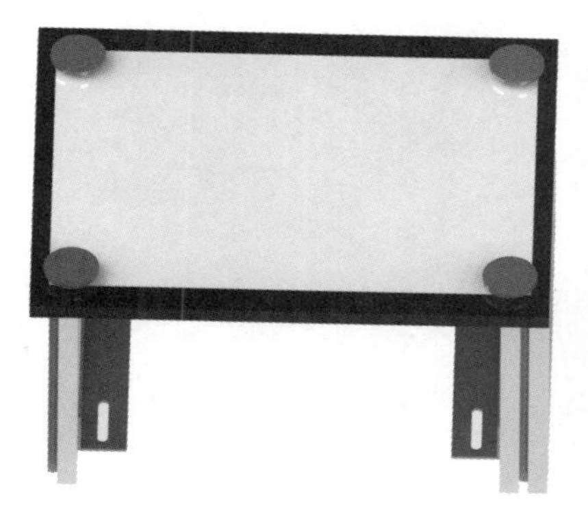

图 2-43　书写平台

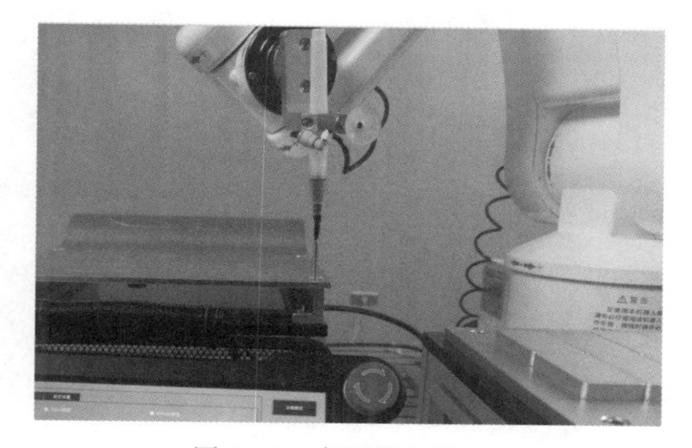

图 2-44　书写笔夹具

二、操作过程

亚龙 YL-12B 型工业机器人基础实训设备写字模块的操作步骤如下。

1）如图 2-45 所示，闭合总电源断路器 QF1，测试各分路断路器电压是否正常。

断路器QF1　　工业机器人电源

图 2-45　工业机器人上电

2）闭合工业机器人控制柜后面的断路器。

3）接通工业机器人电源。

4）旋起工业机器人急停按钮。

5）按下示教器电源开关，进入模型界面，旋起急停旋钮，如图 2-46 所示。

开关机操作

图 2-46　打开示教器

6）如图 2-47 所示，对工业机器人进行零位校准，速度不超过 15%。

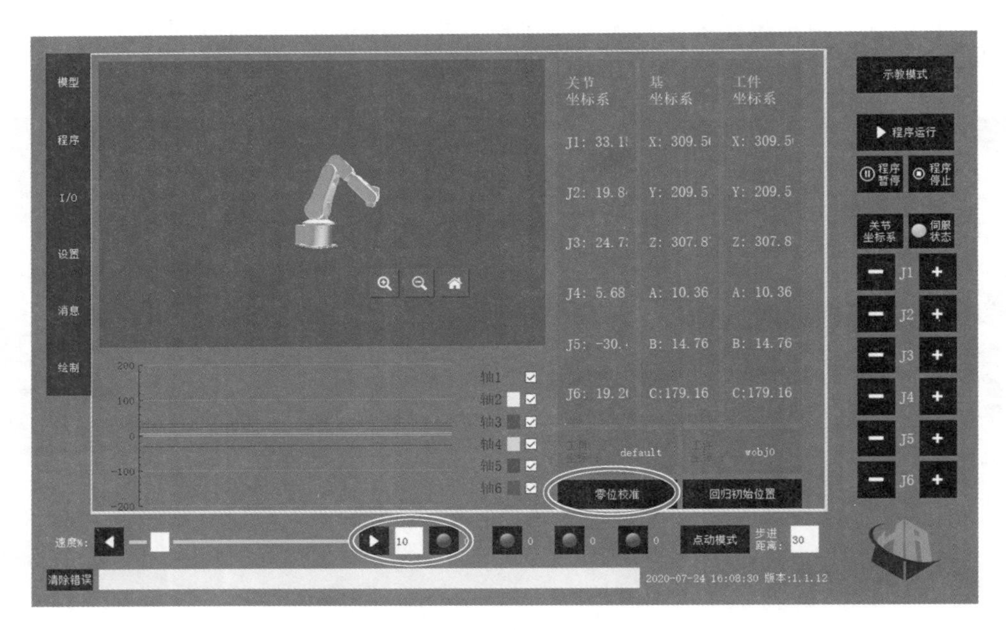

图 2-47　零位校准

7）如图 2-48 所示，将坐标系切换至关节坐标系，单击“伺服状态”按钮（使能键）。

8）转动 5-6 轴，使书写笔笔尖朝下，保持竖直状态，如图 2-49 所示。

9）转动 1 轴将工业机器人姿态调整至写字模块上方位置，在世界坐标系下将书写笔笔尖移动至书写平台某一点上方高度 100mm 左右。

10）新建程序如图 2-50 所示，程序名为“xiezi”，如图 2-51 所示。

11）如图 2-52 ~ 图 2-55 所示，选中 MAIN 指令，单击“运动指令”按钮，然后选择“MOVABSJ”（工业机器人以单轴运动的方式运动至目标点），单击“下一步”按钮，单击“插入当前点”按钮，单击“添加路点”按钮，单击“确定”按钮。

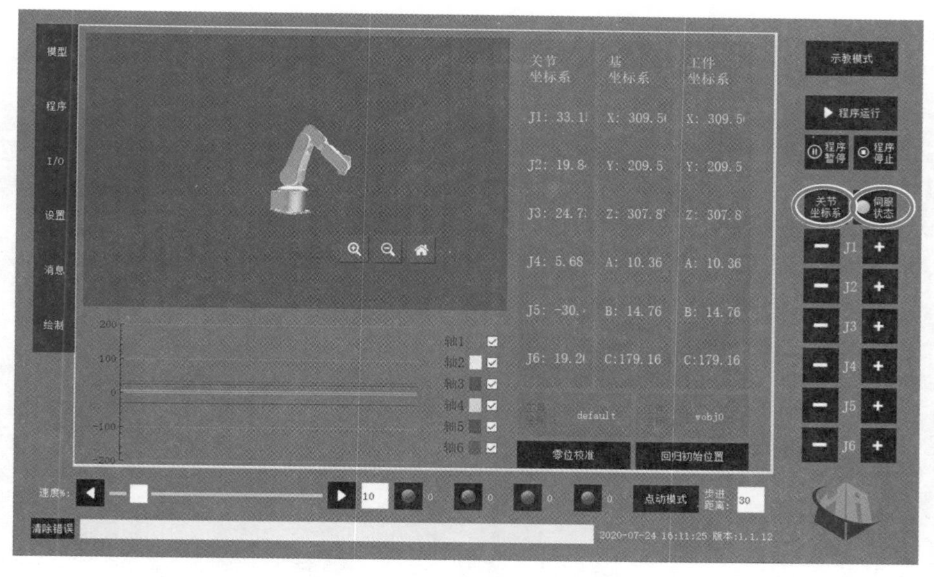

图 2-48　坐标系切换、伺服使能

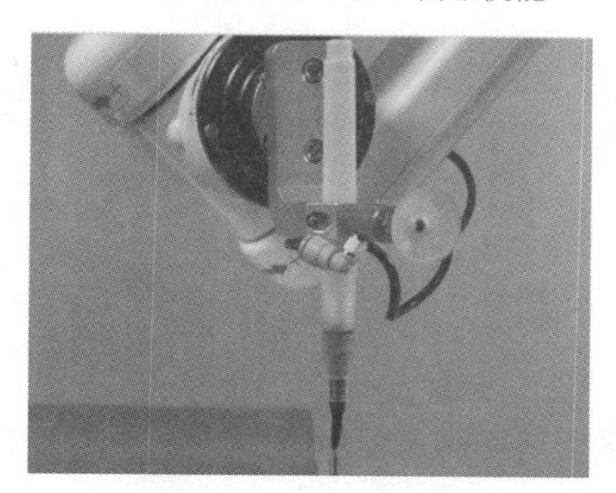
图 2-49　书写笔

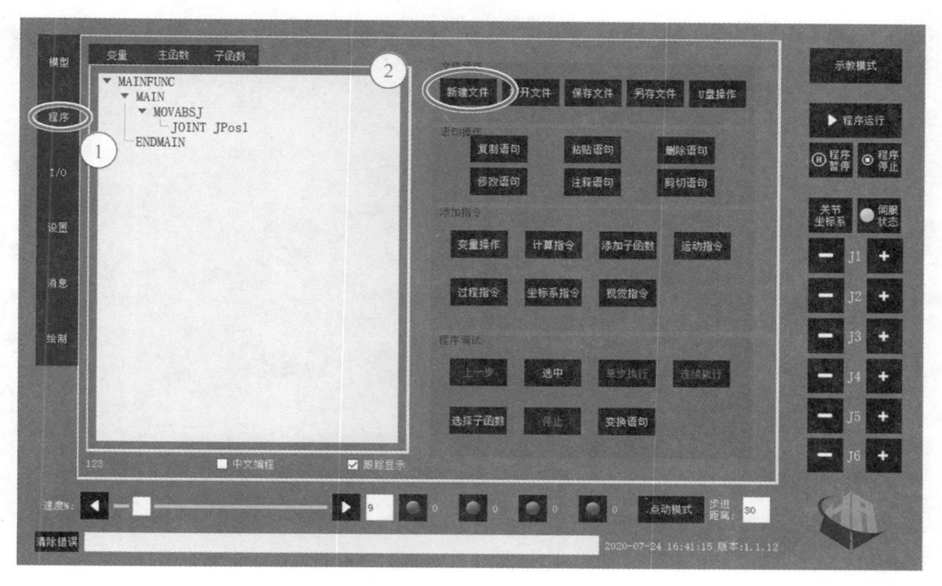

图 2-50　新建程序

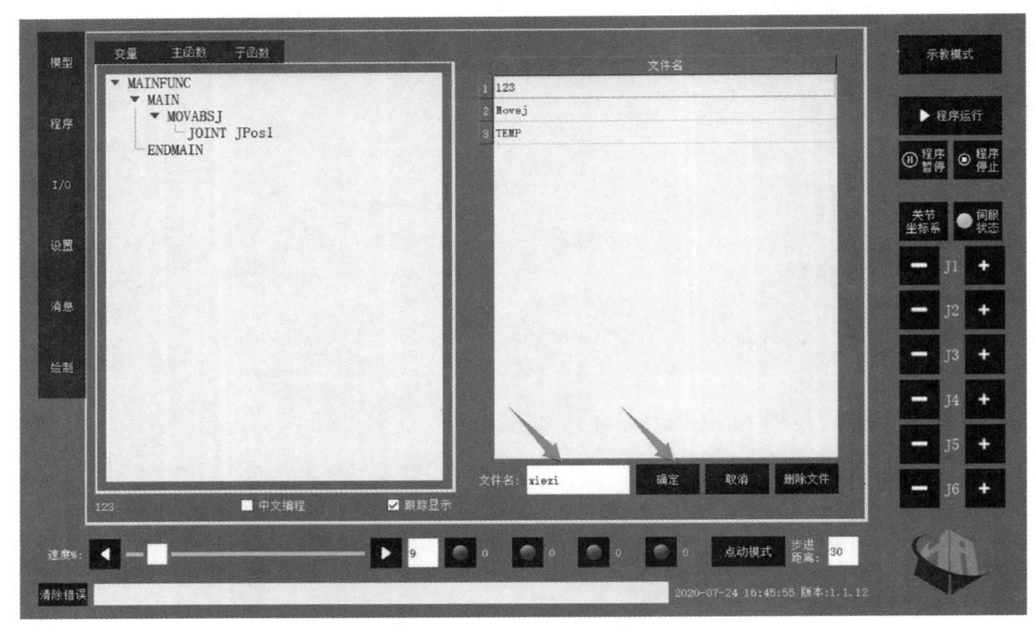

图 2-51　输入文件名

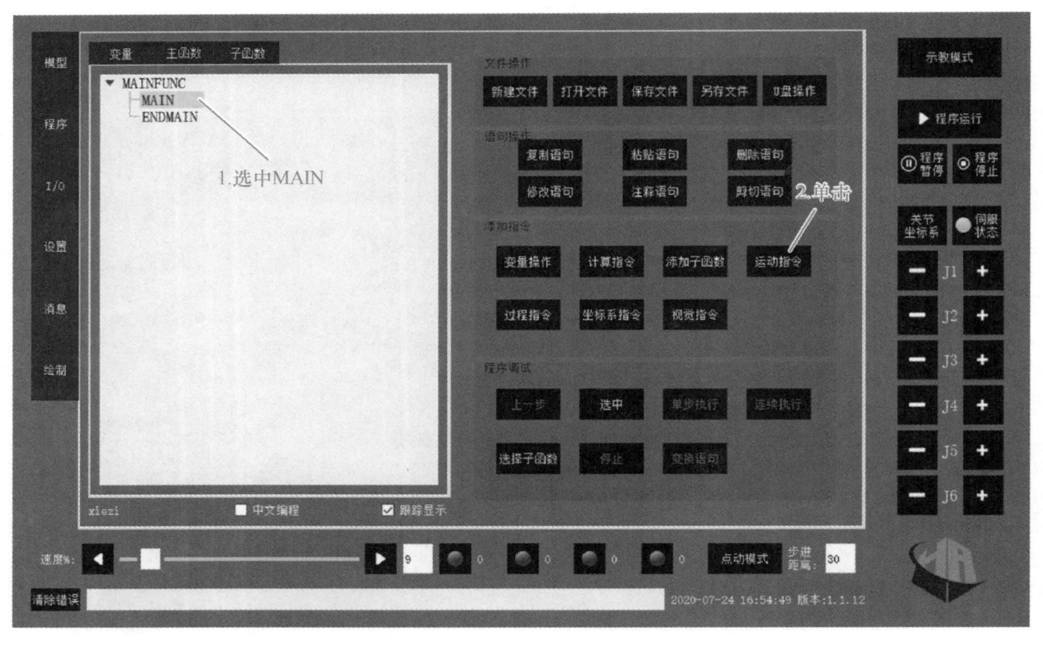

图 2-52　添加指令

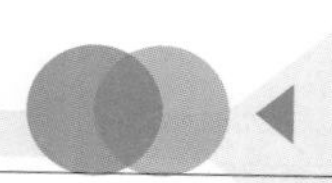

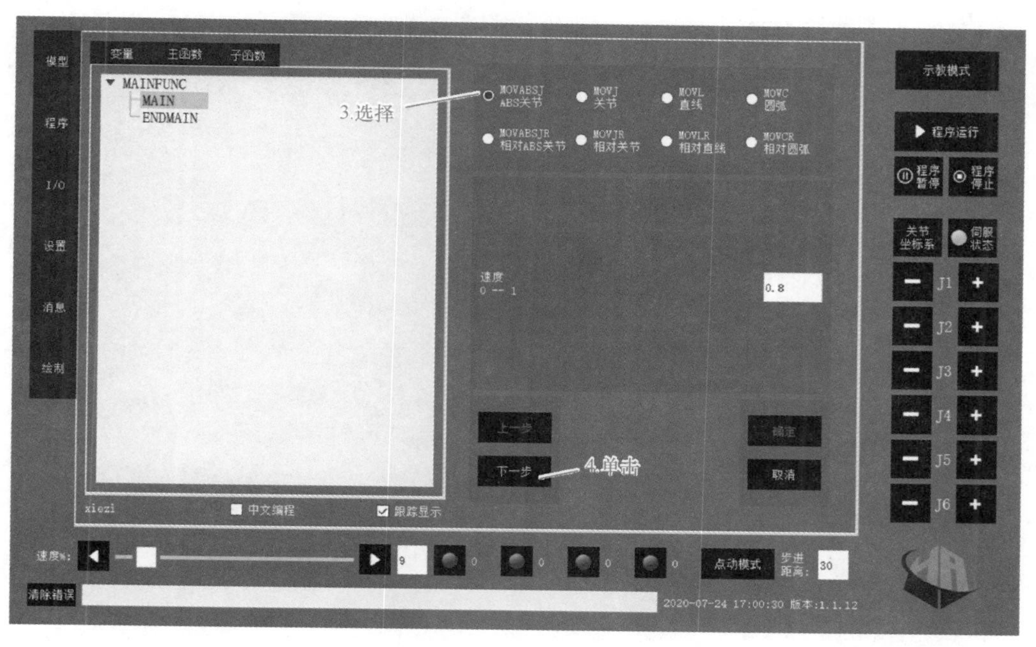

图 2-53　选择指令类型

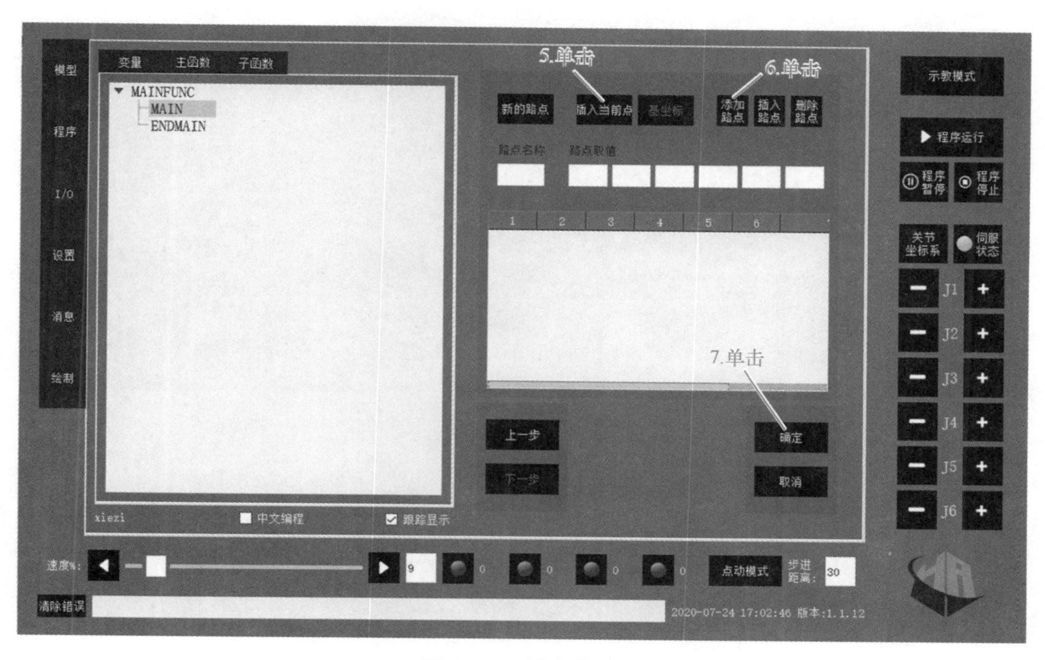

图 2-54　插入路点

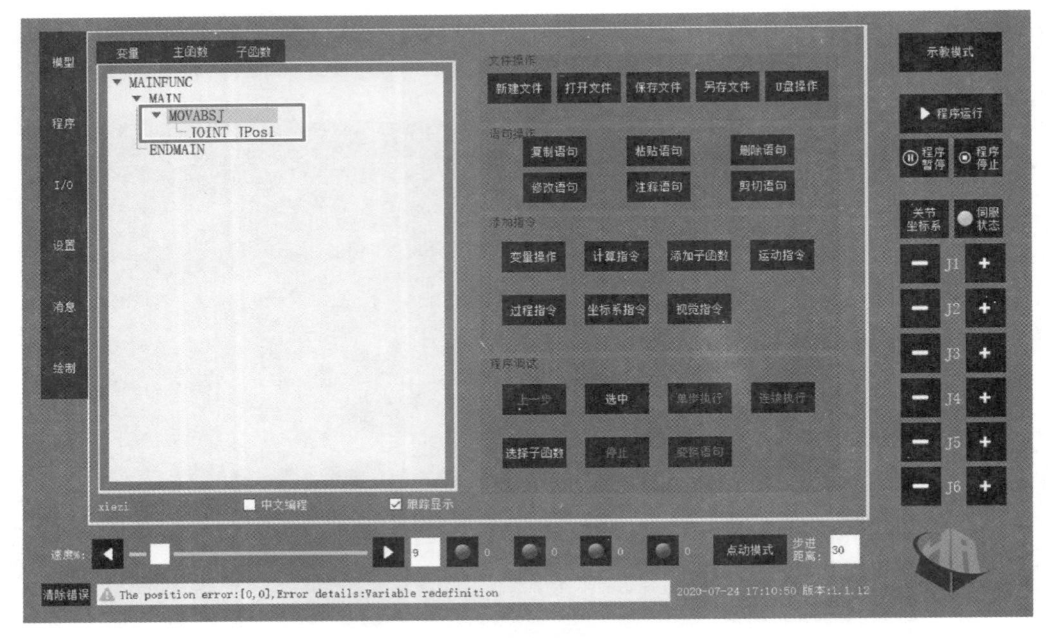

图 2-55　添加指令后的程序

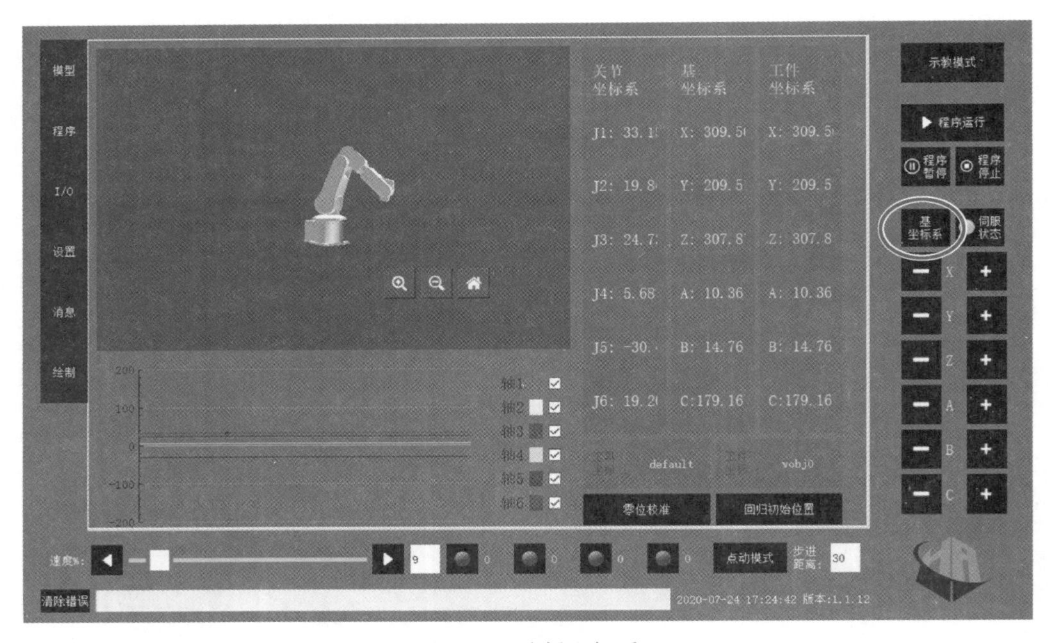

图 2-56　选择坐标系

12）如图 2-56 所示，选择基坐标系，移动工业机器人，将笔尖轻轻压住书写平台的左上角位置点（图 2-57a 中坐标原点位置）即可。

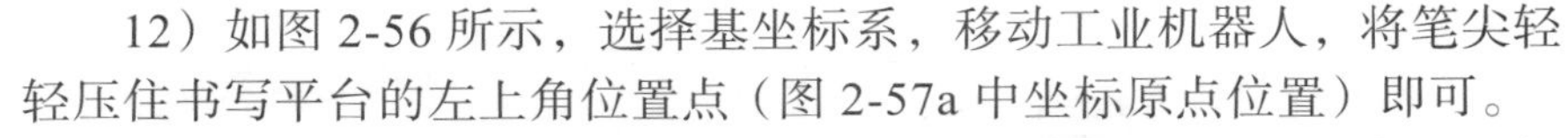

13）单击“设置”按钮、选择“坐标系设置”标签，选中“工件坐标系”，单击“标定坐标系”按钮，如图 2-57b 所示。

14）如图 2-57c 所示，将工件坐标系命名为“xiezi”（也可根据需要命名），确认笔尖位置是否已经轻压在坐标原点上（图 2-57a），单击

“坐标原点选取”按钮移动坐标轴 *X*（移动方向如图 2-57a 所示），单击“坐标 *X* 轴选取”按钮，“移动坐标轴 *Y*（移动方向如图 2-57a 所示），单击“坐标 *Y* 轴选取”按钮，单击“标定”按钮，单击“确定”按钮。

注意： 移动过程中笔尖需接触纸面。

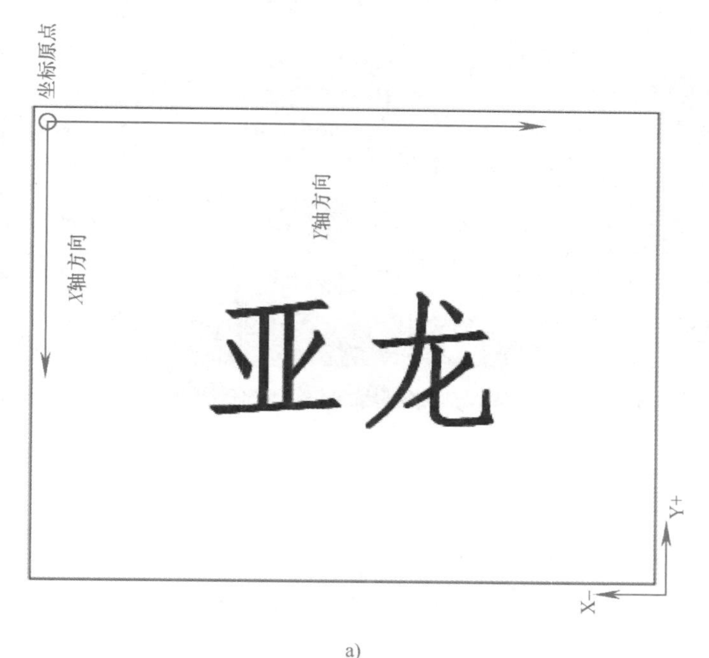

a)

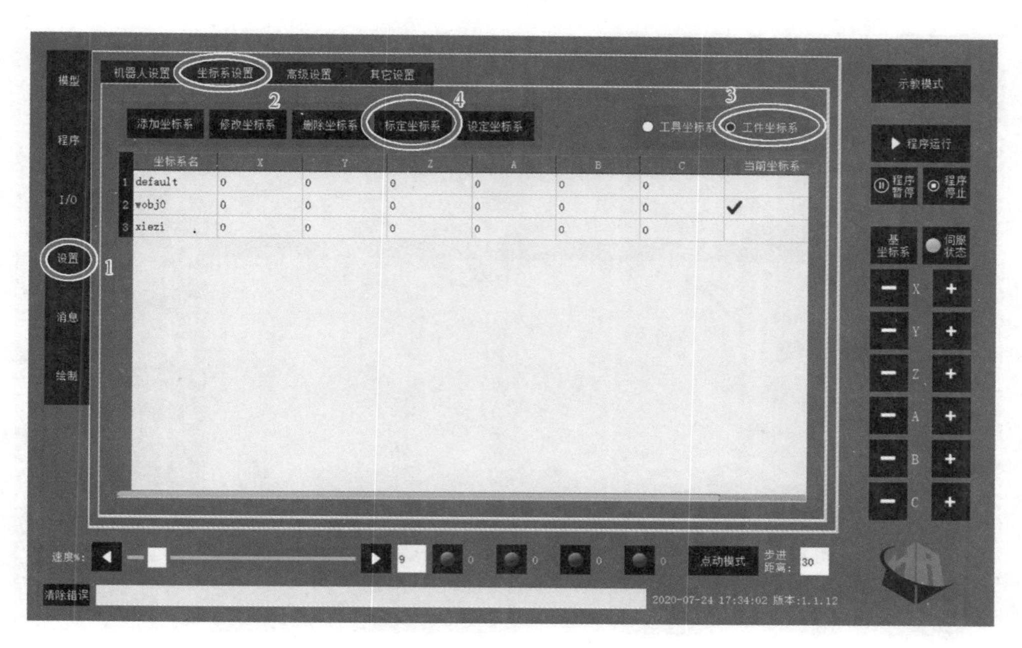

b)

图 2-57　坐标系标定

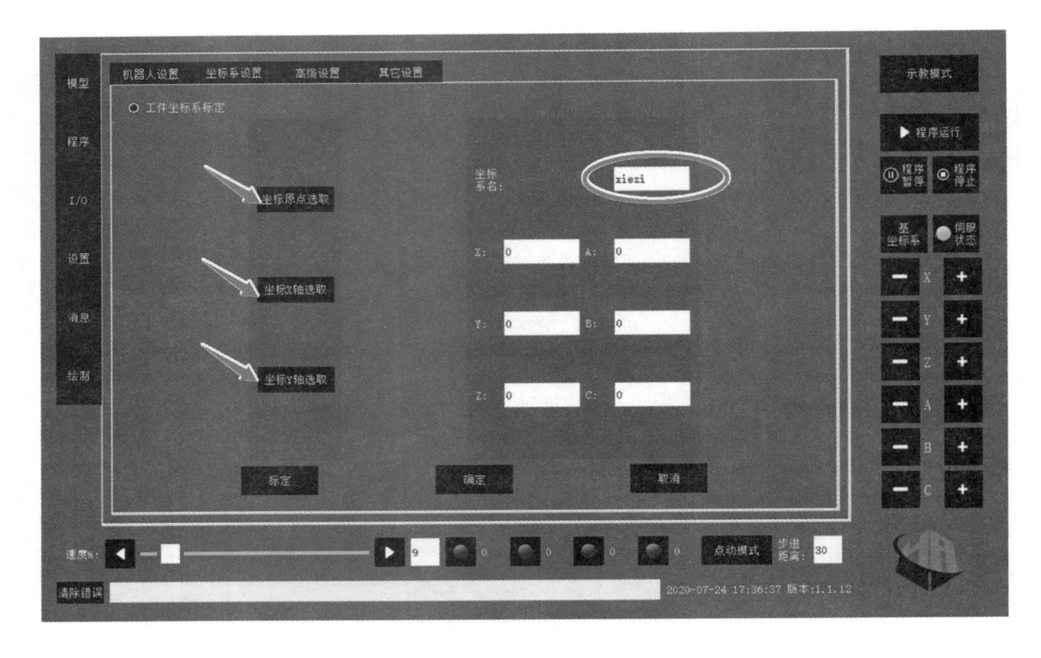

c)

图 2-57　坐标系标定（续）

15）如图 2-58 所示，标定完成后，选中工件坐标系“xiezi”，单击“设定坐标系”按钮便可将刚标定的工件坐标系设为当前坐标系。工具坐标系为默认，移动工业机器人至安全高度。

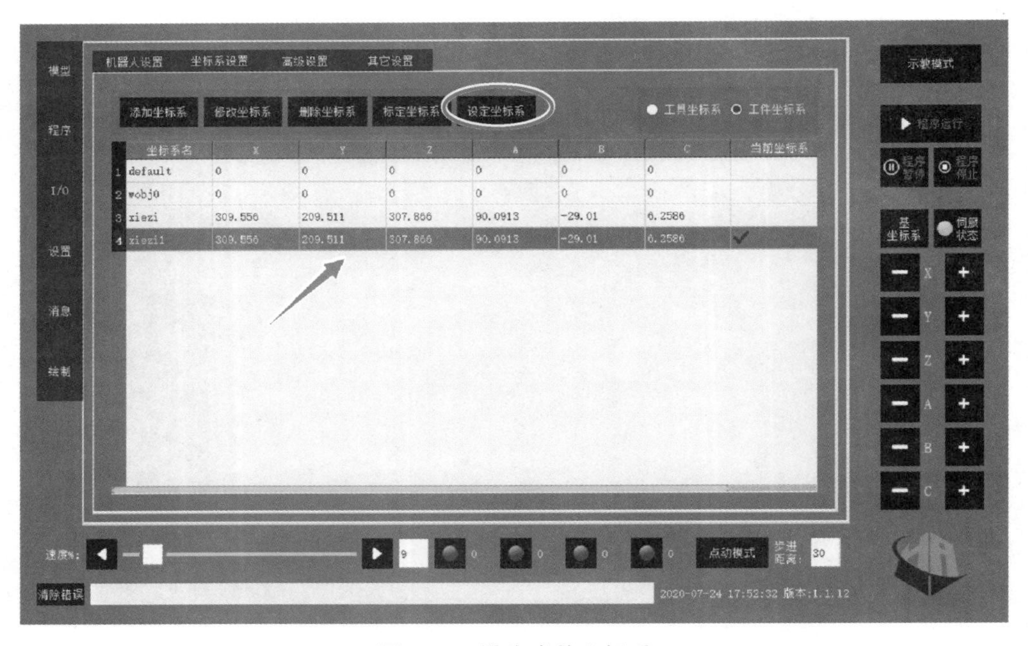

图 2-58　设为当前坐标系

16）如图 2-59 所示，单击“绘制”按钮绘制图案，单击”开始绘制”按钮。

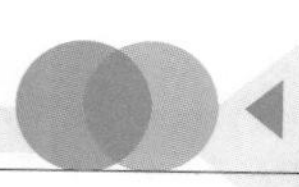

图 2-59　绘制图案

任务 3　亚龙 YL-12B 型工业机器人基础实训设备的轨迹编程与操作

任务目标

【知识目标】

1. 掌握亚龙 YL-12B 型工业机器人基础实训设备的平面及曲面轨迹编程方法。
2. 掌握工业机器人的坐标系标定方法。
3. 掌握工业机器人程序的调试步骤。
4. 掌握工业机器人基本运动指令的参数意义及典型应用。

【能力目标】

1. 能够正确编制亚龙 YL-12B 型工业机器人基础实训设备的平面及曲面轨迹程序。
2. 能够调试、修改工业机器人的现有程序。
3. 能够操作工业机器人运行程序并进行调试。

任务描述

通过示教编程，用工业机器人书写笔在 TCP 轨迹模块上描绘出凹字图案边框、四边形图案边框、风车图案边框等，如图 2-60 所示。

相关知识

一、模块介绍

如图 2-61 所示，该模块可实现在平面、曲面上蚀刻不同图形规则的图案，分别为半圆、椭圆、平行四边形、五角星形、凹字形、叶子形等多种不同轨迹的图案。通过对该模块进行编程，练习工业机器人基本的点示教、工具坐标系建立、平面直线、曲面直线、曲线运动的轨迹运动。

图 2-60　轨迹编程任务

图 2-61　轨迹模块

加工分析：可按照图 2-62 所示顺序依次从图形 1 加工至图形 6（加工顺序可自行定义），其中前 4 个图形为平面编程、图形 5 和图形 6 为曲面编程，使用 MOVL、MOVC 指令。在编程时，曲面内有三维弧度的直线用 MOVC 来编写，而在一个二维平面内的直线用 MOVL 来编写。

图 2-62　调整工业机器人位姿

二、操作过程

该轨迹的操作方法有两种，可以通过在主程序中分别编制出 6 个图形的轨迹进行运行，也可以通过调用子程序的方法进行。

1．分别编制 6 个图形的轨迹

1）工业机器人上电（工业机器人上电操作同任务 2 的图 2-45 和图 2-46）

① 闭合总电源断路器 QF1，测试各分路断路器电压是否正常。

② 闭合工业机器人控制柜后面的断路器。

③ 接通工业机器人电源。

④ 旋起工业机器人急停旋钮。

⑤ 按下示教器电源开关，进入模型界面，旋起急停旋钮。

2）对工业机器人进行零位校准，速度不超过 15%。

3）将坐标系切换至关节坐标系，单击“伺服状态”按钮（使能键）。

4）转动 5-6 轴，使书写笔笔尖朝下，保持竖直状态。

5）转动 1 轴将工业机器人姿态调整至轨迹模块上方位置，将坐标系切换为基坐标系，笔尖移动至书写平台上方某一点高度 100mm 左右。

6）在程序界面新建文件，文件命名为“guiji”，如图 2-63 所示。

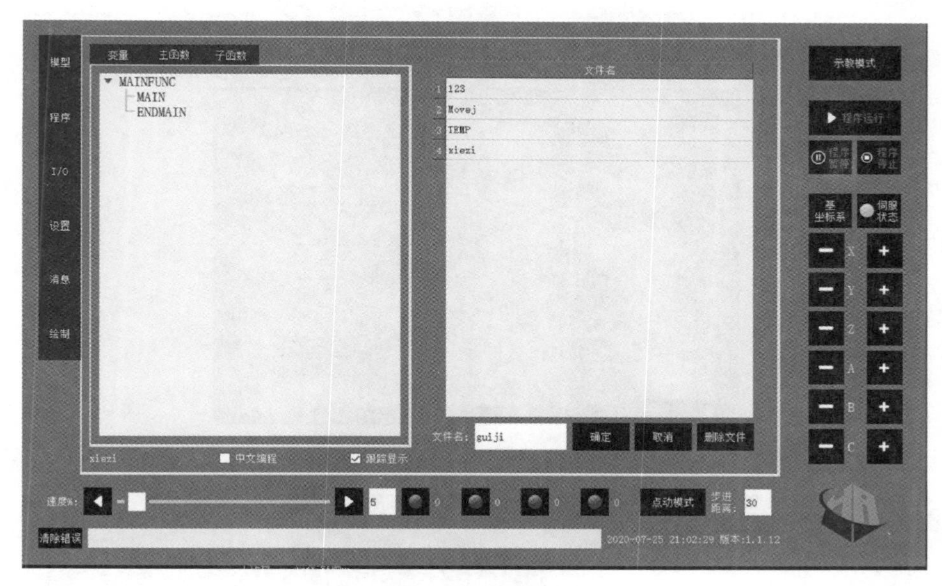

图 2-63　新建程序

7）添加运动指令“MOVABSJ”，单击“插入当前点”按钮，单击“添加路点”按钮，单击“确定”按钮，如图 2-64 所示。

图形 1：4 个半圆，每个半圆由一条“MOVL”指令和一条“MOVC”指令完成。

8）通过移动 *X*、*Y*、*Z* 轴使笔尖移动至图形 1 的起始位置（图形中心点正上方），如图 2-65 所示。

9）添加指令“MOVJ”，单击“插入当前点”按钮，单击“添加路点”按钮，单击“确定”按钮，如图 2-66 所示。

10）移动 *X*、*Y*、*Z* 轴到中心点，添加指令“MOVL”，单击“插入当前点”按钮，单击“添加路点”按钮，单击“确定”按钮（使用“MOVL”指令时，若转弯区不需圆弧过渡，则设置为 0），如图 2-67a、b 所示。

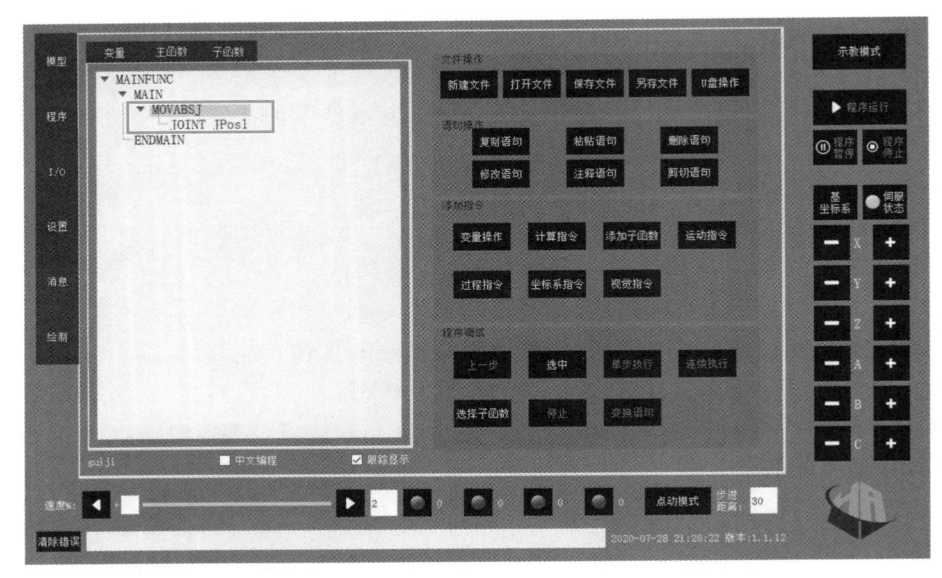

图 2-64 插入指令

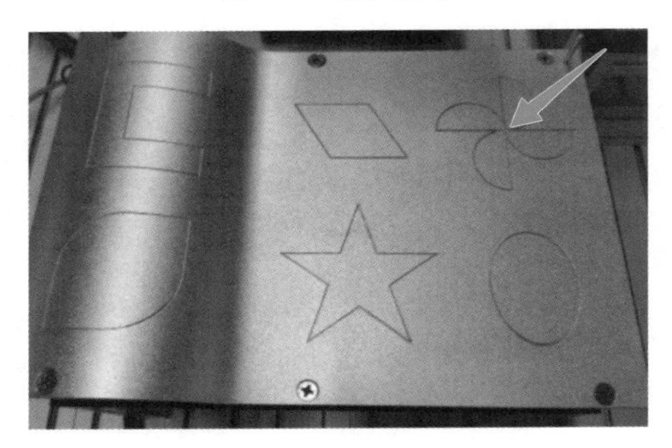

图 2-65 图形 1 中心位置

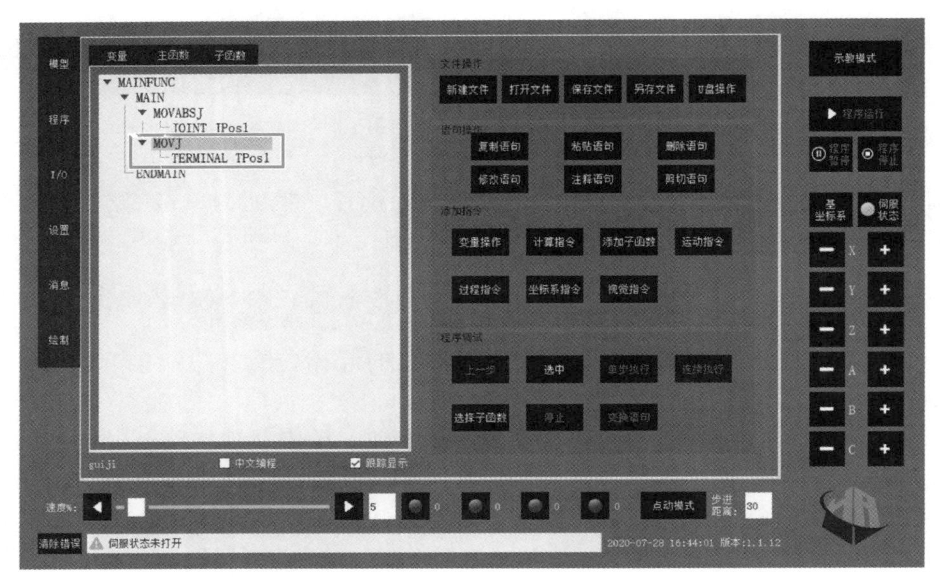

图 2-66 添加 MOVJ 指令

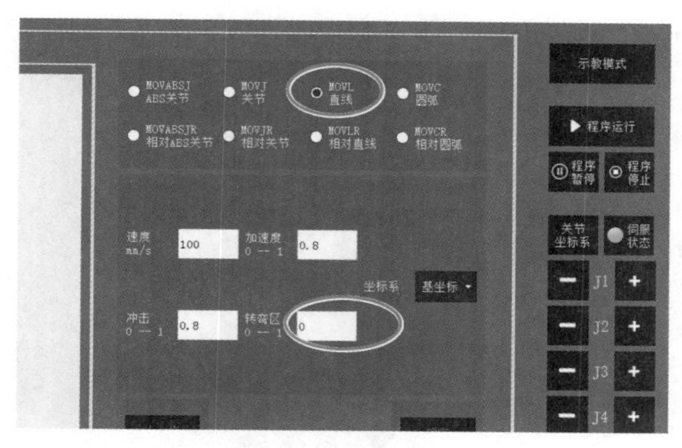

a)

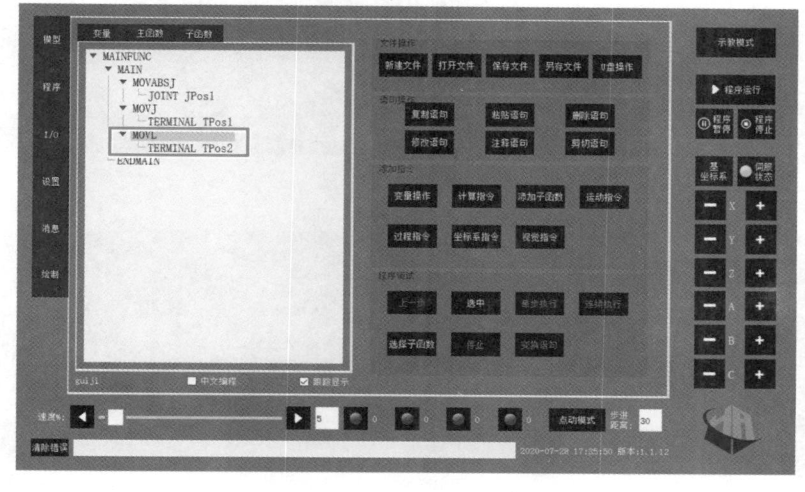

b)

图 2-67　添加 MOVL 指令

11）通过移动 X、Y、Z 轴使笔尖移动到 A 点，如图 2-68 所示。

12）添加指令“MOVL”，单击“插入当前点”按钮，单击“添加路点”按钮，单击“确定”按钮。

13）通过移动 X、Y、Z 轴使笔尖移动到圆弧的弧顶 B 点，如图 2-69 所示。

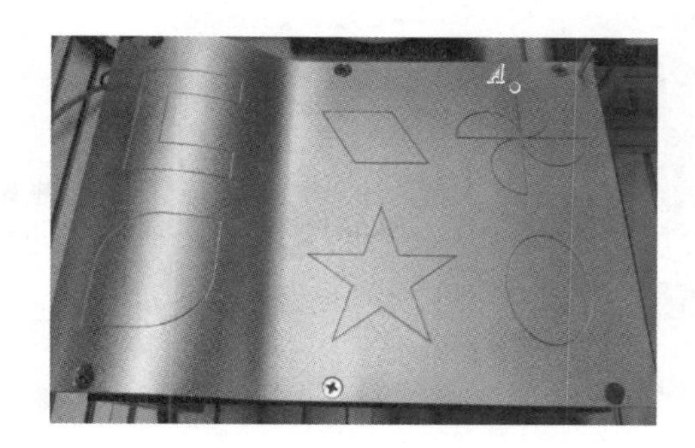

图 2-68　图形 1 起始点

图 2-69　圆弧弧顶位置

14）添加指令“MOVC”，单击“插入当前点”按钮，单击“添加路点”按钮，单击“确定”按钮（圆弧需要两个示教点，此处添加第一个示教点），如图 2-70 和图 2-71 所示。

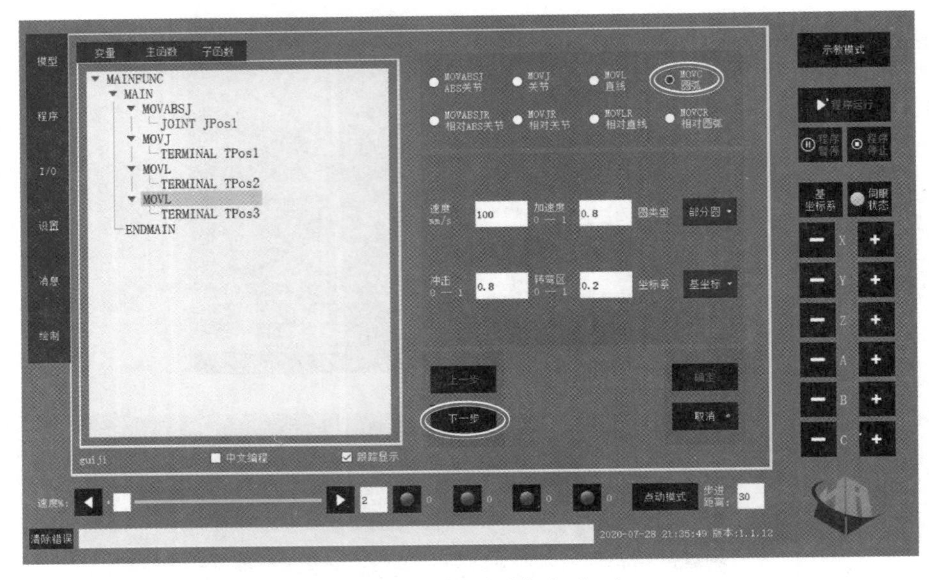

图 2-70　添加圆弧指令（一）

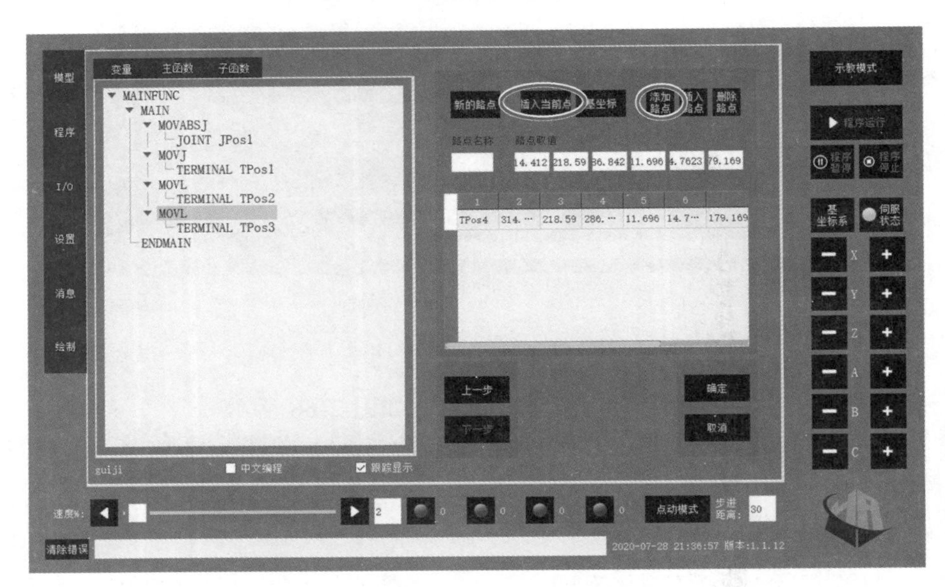

图 2-71　添加圆弧指令第一个路点

15）再通过移动 X、Y、Z 轴使笔尖移动到圆弧的终点 C 点，如图 2-72 所示。

16）单击“插入当前点”按钮，单击“添加路点”按钮，单击“确定”按钮（此处添加圆弧第二个示教点），如图 2-73 所示。添加完成后的主程序如图 2-74 所示。

17）重复步骤 10）~16），将剩下的三个半圆依次完成。

18）将 Z 轴抬起一定距离。

19）添加指令“MOVJ”，单击“插入当前点”按钮，单击“添加路点”按钮，单击“确定”按钮。

图形 2：椭圆，可将其看成两段圆弧。若考虑高准确度，也可将其分为四段圆弧，用 4 个“MOVC”指令进行编程。

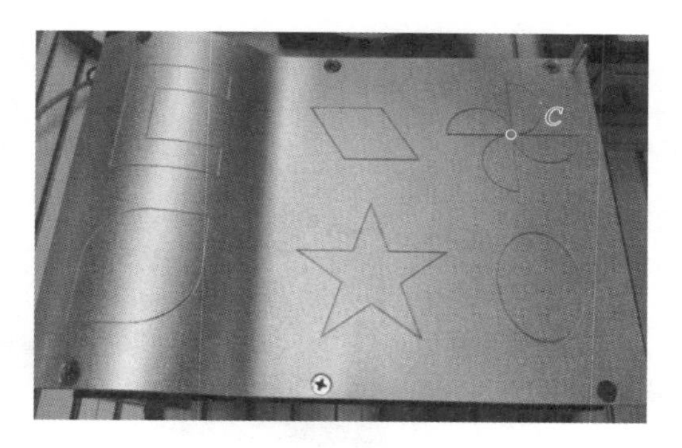

图 2-72　圆弧终点

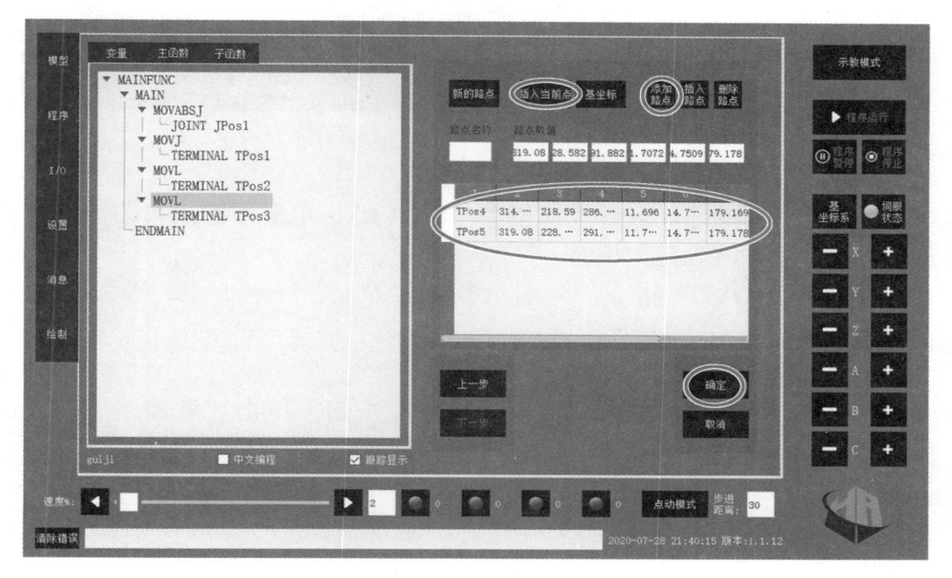

图 2-73　添加圆弧指令第二个路点

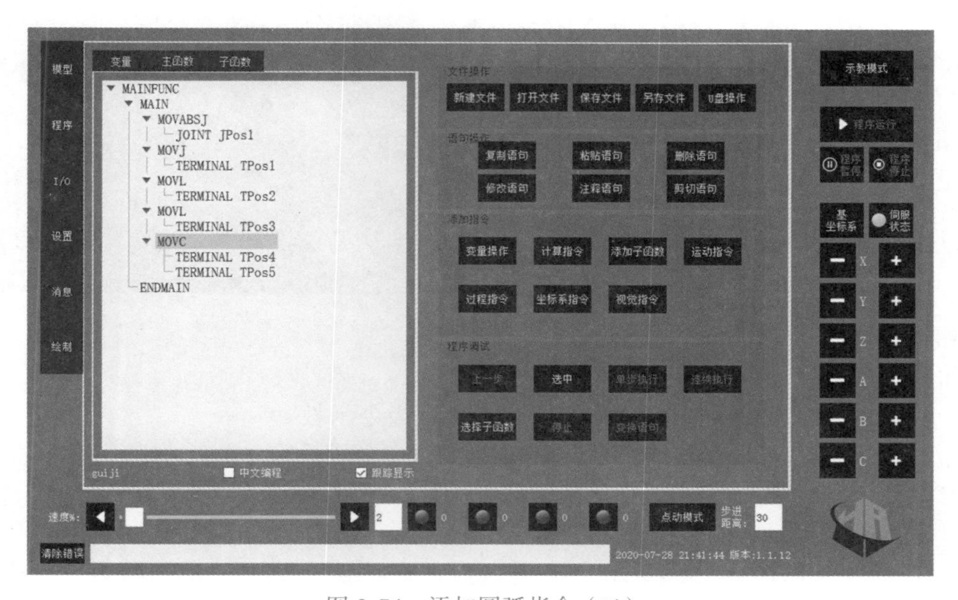

图 2-74　添加圆弧指令（二）

20）通过移动 X、Y、Z 轴使书写笔移动到“图形 2　椭圆”的起始位置（D 点正上方），如图 2-75 所示。

21）添加指令“MOVJ”单击“插入当前点”按钮，单击“添加路点”按钮，单击“确定”按钮。

椭圆图案标定

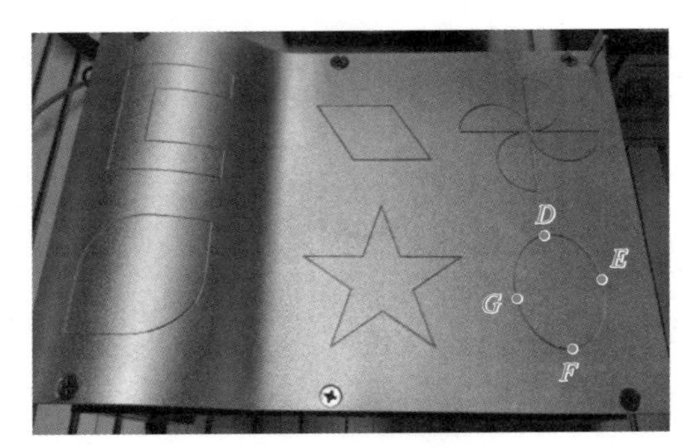

图 2-75　图形 2　椭圆

22）移动 X、Y、Z 轴到 D 点，添加指令“MOVL”，单击“插入当前点”按钮，单击“添加路点”按钮，单击“确定”按钮。

23）添加两个“MOVC”指令，分别示教弧顶 E 点、终点 F 点，和弧顶 G 点和终点 D 点。

24）椭圆示教完成，抬起 Z 轴。

25）添加指令“MOVJ”，单击“插入当前点”按钮，单击“添加路点”按钮，单击“确定”按钮。

图形 3：平行四边形，由 4 个“MOVL”指令来编写。

26）通过移动 X、Y、Z 轴使书写笔移动到“图形 3　平行四边形”的起始位置（H 点正上方），如图 2-76 所示。

27）添加指令“MOVJ”，单击“插入当前点”按钮，单击“添加路点”按钮，单击“确定”按钮。

28）移动 X、Y、Z 轴至平行四边形的第一个角点 H。

29）添加指令“MOVL”，单击“插入当前点”按钮，单击“添加路点”按钮，单击“确定”按钮。

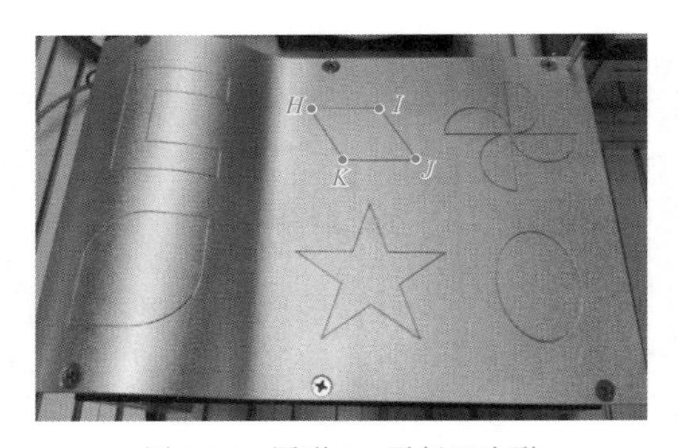

图 2-76　图形 3　平行四边形

30）移动 X、Y、Z 轴到 I 点，使用“MOVL”指令示教。

31）移动 X、Y、Z 轴到 J 点，使用“MOVL”指令示教。

32）移动 X、Y、Z 轴到 K 点，使用“MOVL”指令示教。

33）平行四边形示教完成，抬起 Z 轴。

34）添加指令“MOVJ”，单击“插入当前点”按钮，单击“添加路点”按钮，单击“确定”按钮。

图形 4：五角星，由 10 个“MOVL”指令来编写。

35）通过移动 *X*、*Y*、*Z* 轴，使书写笔移动到“图形 4　五角星”的起始位置（*L* 点正上方），如图 2-77 所示。

36）添加指令“MOVJ”，单击“插入当前点”按钮，单击“添加路点”按钮，单击“确定”按钮。

图 2-77　图形 4　五角星

五角星图案标定

37）移动 *X*、*Y*、*Z* 轴到 *L* 点，使用“MOVL”指令示教。

38）分别移动 *X*、*Y*、*Z* 轴到五角星的各个角点，由 10 个“MOVL”指令来示教。

39）五角星示教完成，抬起 *Z* 轴。

40）添加指令“MOVJ”，单击“插入当前点”按钮，单击“添加路点”按钮，单击“确定”按钮。

图形 5：凹字形，该图形不在一个平面内，编写时可把在曲面内有三维弧度的直线用“MOVC”指令来编写，而在一个二维平面内的直线用“MOVL”指令来编写。

41）通过移动 *X*、*Y*、*Z* 轴使书写笔移动到“图形 5　凹字形”的起始位置（*M* 点正上方），如图 2-78 所示。

图 2-78　图形 5　凹字形

42）添加指令“MOVJ”，单击“插入当前点”按钮，单击“添加路点”按钮，单击“确定”按钮。

43）移动 *X*、*Y*、*Z* 轴到 *M* 点，使用“MOVL”指令示教。

44）从 M 点沿顺时针运行，分别使用“MOVC”“MOVL”“MOVC”“MOVL”“MOVC”“MOVL”“MOVC”“MOVL”指令进行示教。

45）凹字形示教完成，抬起 *Z* 轴。

46）添加指令“MOVJ”，单击“插入当前点”按钮，单击“添加路点”按钮，单击“确定”按钮。

图形 6：叶子形，方法同图形 5。

47）通过移动 *X*、*Y*、*Z* 轴使书写笔移动到“图形 6　叶子形”的起始位置（*N* 点正上

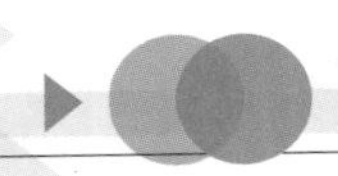

方），如图 2-79 所示。

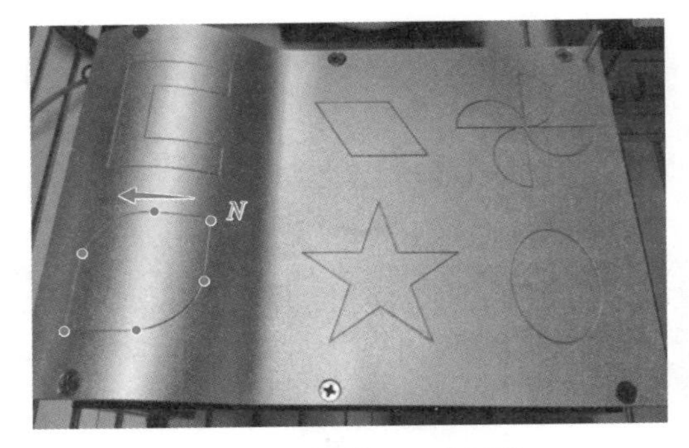

图 2-79　图形 6　叶子形

48）添加指令“MOVJ”，单击“插入当前点”按钮，单击“添加路点”按钮，单击“确定”按钮。

49）移动 X、Y、Z 轴到 N 点，使用“MOVL”指令示教。

50）由 N 点向左移动，分别使用“MOVC”“MOVC”“MOVL”“MOVC”“MOVC”“MOVL”指令示教。

51）叶子形示教完成，抬起 Z 轴。

52）添加指令“MOVJ”，单击“插入当前点”按钮，单击“添加路点”按钮，单击“确定”按钮。

53）回机械原点。

54）添加运动指令“MOVABSJ”，单击“插入当前点”按钮，单击“添加路点”按钮，单击“确定”按钮。

55）保存。

56）选择再现模式，运行程序，如图 2-80 所示。

曲面程序运行

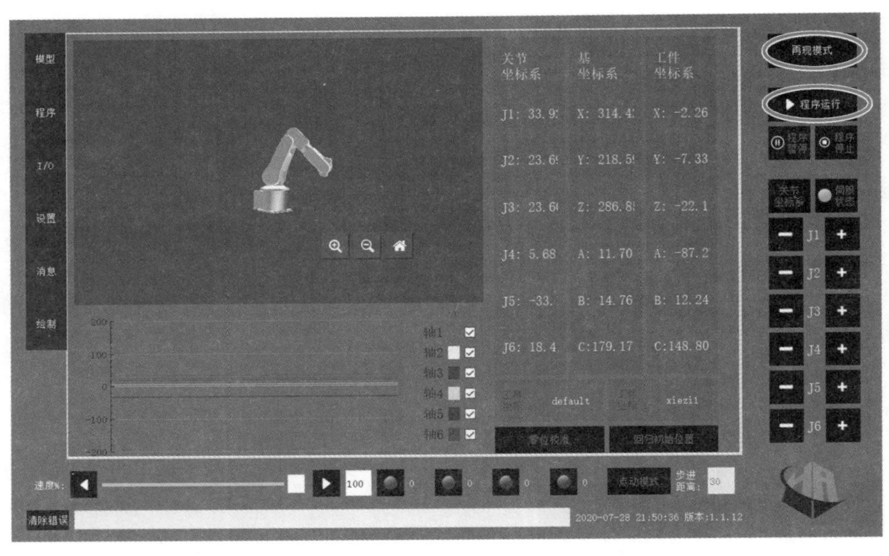

图 2-80　运行程序

2. 子程序调用

该模块的编程也可使用在主程序中插入子程序的办法，将每一个图形的绘制编成子程序，然后在主程序中进行子程序的调用，这样可使程序在结构上更加清晰明了，便于检查和修改。

1）在程序菜单中单击“添加子函数”按钮（如图 2-81 所示），在“子函数名”文本框中输入文件名（名称可自定义，例如，五角星图形，可输入“wjx”），单击“确定”按钮，如图 2-82 所示。

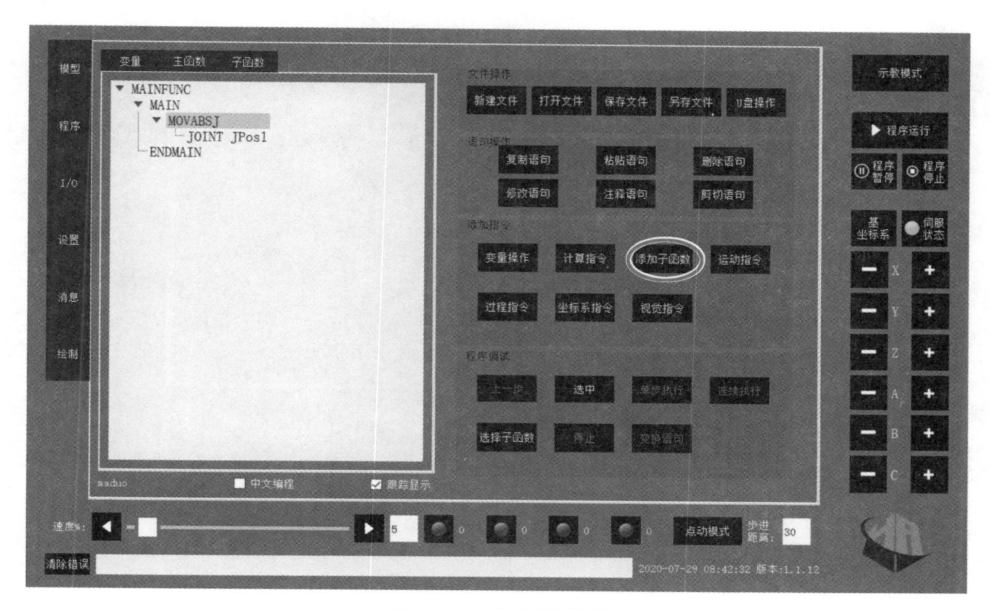

图 2-81 建立子程序

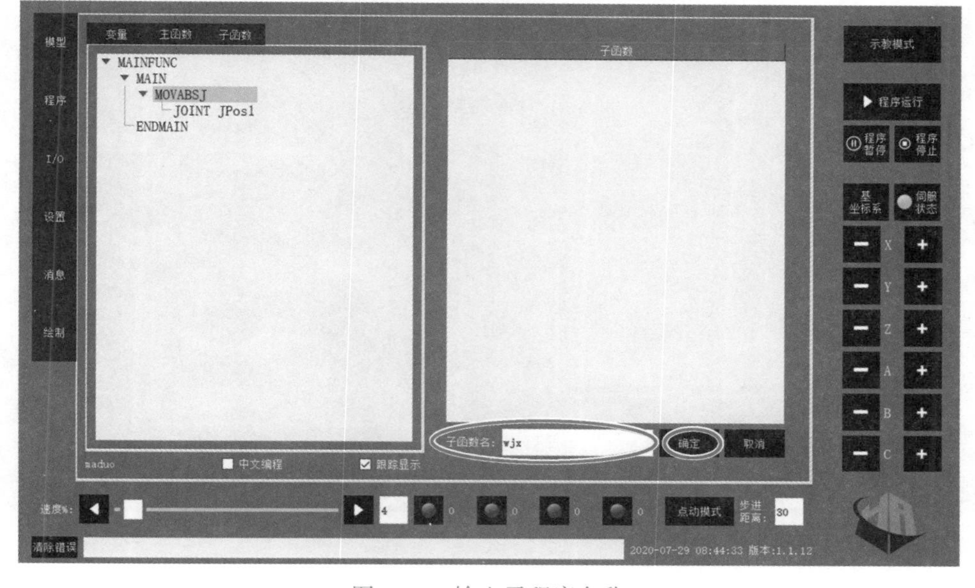

图 2-82 输入子程序名称

2）在主程序中调用子程序，如图 2-83 所示，切换到“主函数”页，在待插入子函数的位置选中一条指令，单击“过程指令”按钮，选中“函数”，选择“CALL”，选择函数名，单击“确定”按钮，如图 2-83 和图 2-84 所示。

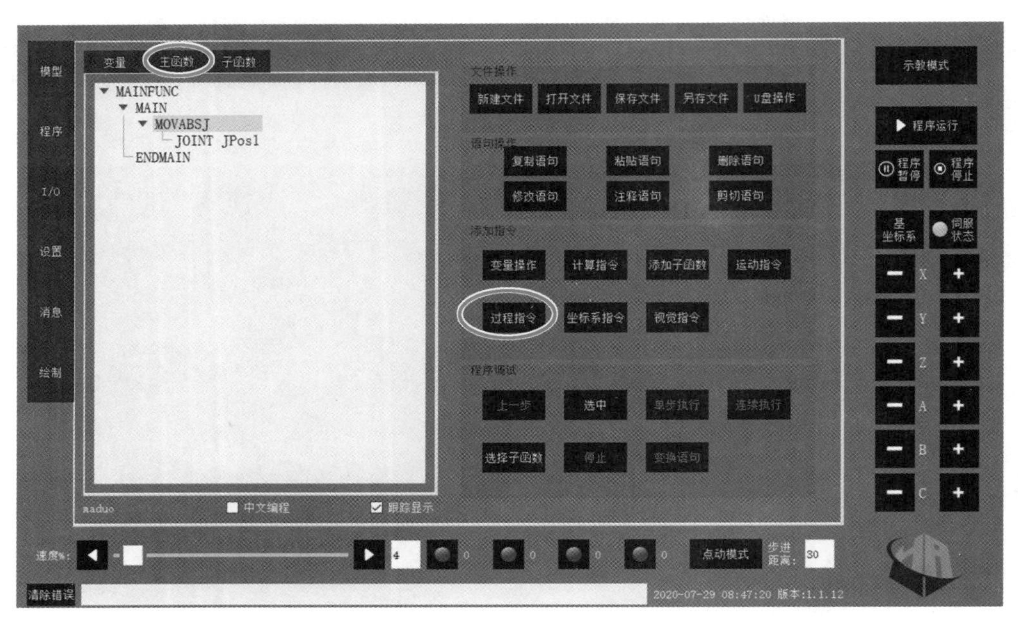

图 2-83　子函数调用

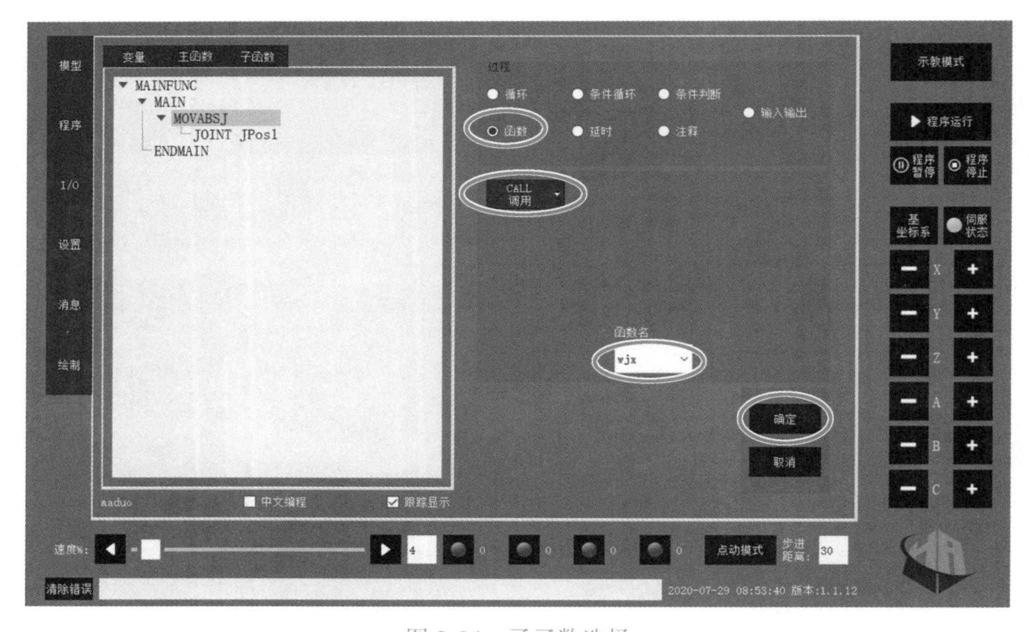

图 2-84　子函数选择

任务 4 亚龙 YL-12B 型工业机器人基础实训设备的码垛编程与操作

任务目标

【知识目标】

1. 掌握亚龙 YL-12B 型工业机器人基础实训设备的码垛编程方法。
2. 掌握吸盘夹具的使用方法。
3. 掌握工业机器人的坐标系标定。
4. 掌握工业机器人程序的调试步骤。
5. 掌握工业机器人基本运动指令的参数意义及典型应用。

【能力目标】

1. 能够编写亚龙 YL-12B 型工业机器人基础实训设备的码垛程序。
2. 能够正确使用吸盘夹具的控制指令。
3. 能够调试、修改工业机器人的现有程序。
4. 能够操作工业机器人运行程序并进行调试。

任务描述

将物料（16 个正方体，8 个长方体）摆放至码垛板上，要求大物料在下，分两行摆放，每行 4 个。小物料摆放至大物料上，如图 2-85 和图 2-86 所示。

图 2-85　码垛任务模块

要求：

1）建立 MADUO 子程序，在主程序 MAIN 中调用子程序。

2）吸盘吸取物料时应在物料中心位置处吸取。

3）再现模式运行速度为 100%，运行应平稳无抖动，转弯平滑无僵直。

4）摆放物料时，物料不得超出码垛台限定的位置，上层物料间距不可过大。

5）码垛完成后，工业机器人回到初始位置。

一、模块介绍

码垛模块包含套件托盘、物料盛放板和码垛板，如图 2-87 所示。它们均采用优质铝材制作，表面阳极氧化处理。物料盛放板内包含 16 个正方体物料、8 个长方体物料。该模块可通过吸盘夹具对码垛物料自由组合进行工业机器人码垛训练，如图 2-88 所示。

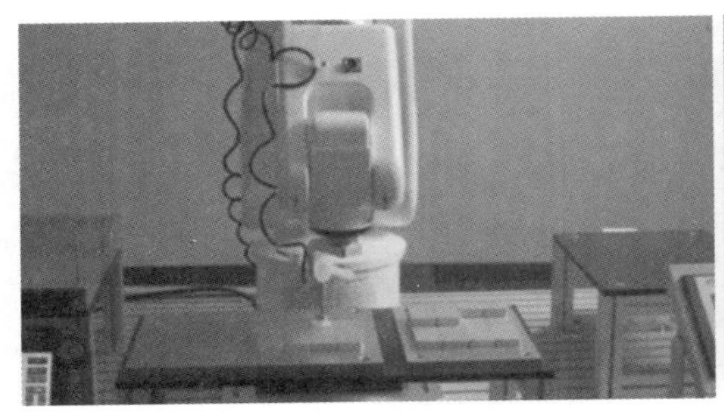

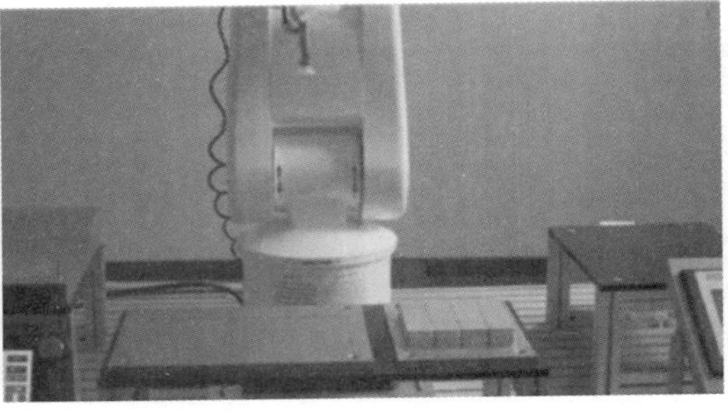

图 2-86　码垛示意图

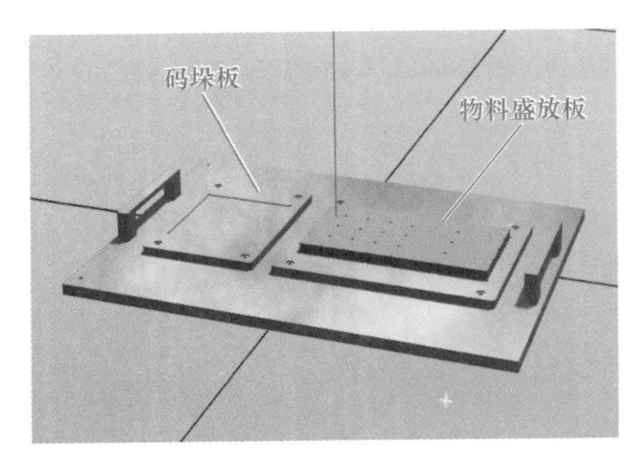

图 2-87　码垛套件

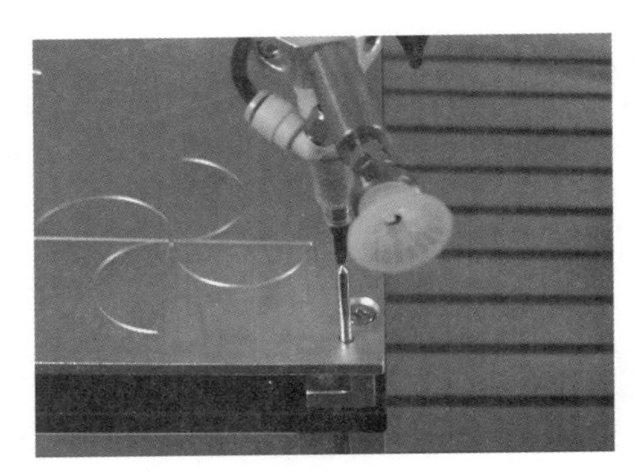

图 2-88　吸盘夹具

因该任务要重复搬运动作，为了简化程序、提高效率，需使用变量指令、循环指令、判断指令、I/O 指令及延时指令。

1. 建立变量

1）如图 2-89 所示，建立长方体的两个抓取点 ZHUAc 和 ZHUAc1、两个放置点 FANGc 和 FANGc1，建立正方体的两个抓取点 ZHUAz 和 ZHUAz1、两个放置点 FANGz 和 FANGz1。

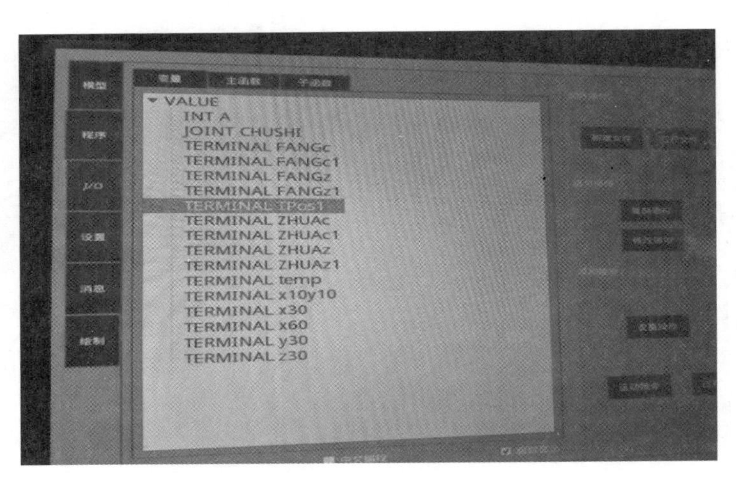

图 2-89　变量建立

2）建立一个赋值点（temp 点）和一个高度点（z30）。

3）建立正方体的抓取和放置偏移点 x30（每排每列间隔均为 30mm，所以偏移 30mm），

长方体的抓取、放置偏移点 y30（每列间隔 30mm）、x60（每排间隔 60mm）。

4）建立位置偏移点 x10y10（该点是为了避免发生碰撞，斜向进行放置）。

5）建立赋值变量 A（该值主要判断正方体抓取排数，初始值为 0，每抓完 1 排，该值加 1）。

2. MOVLR 指令

MOVLR 指令是增量移动指令，表示相对于上一点移动的增量距离，使用方法如图 2-90 和图 2-91 所示。

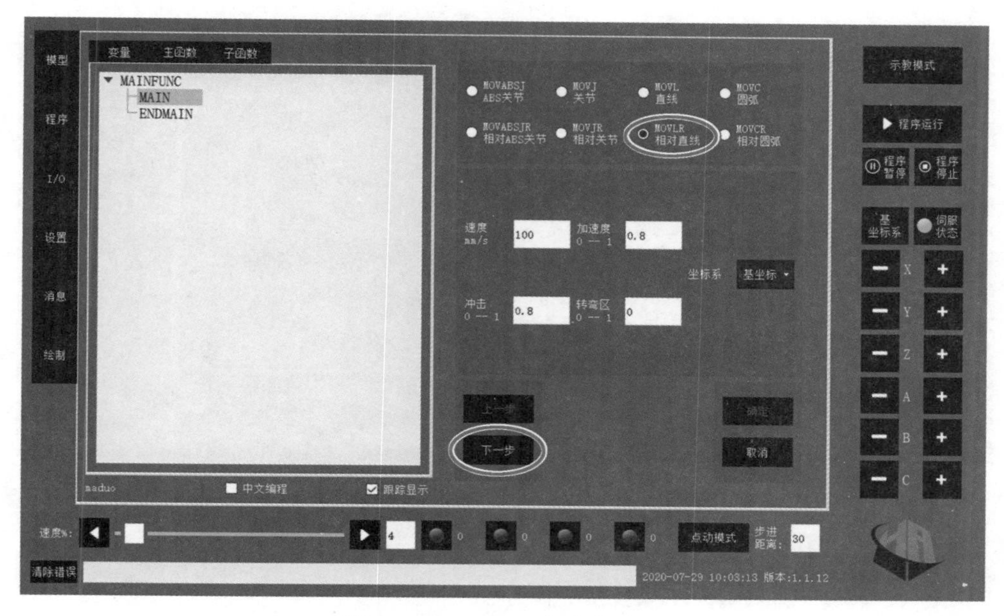

图 2-90　MOVLR 指令的选用

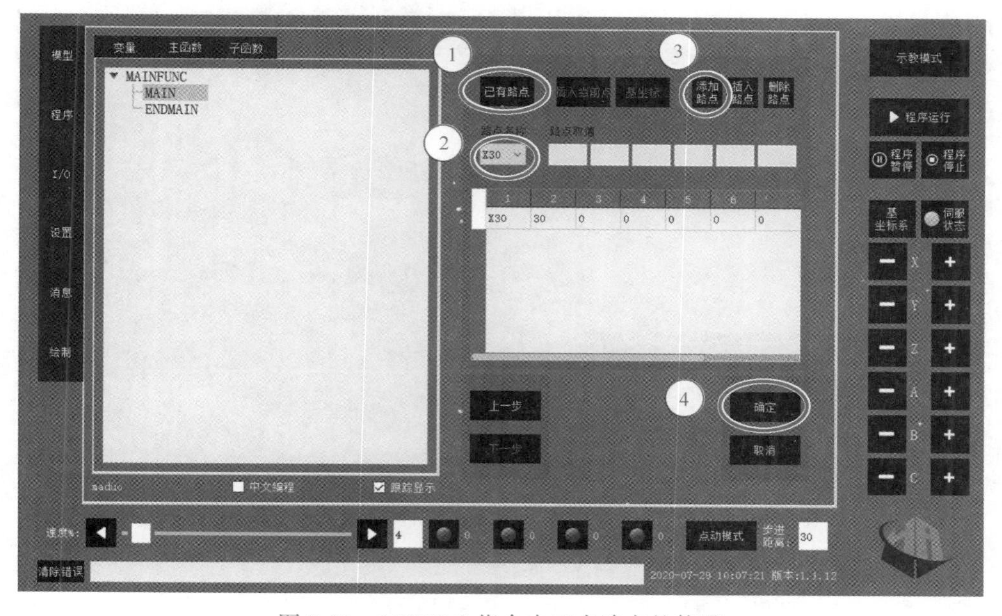

图 2-91　MOVLR 指令中已有路点的使用

3. FOR（循环）指令

FOR 指令可对需要的语句循环执行相应次数，如图 2-92 和图 2-93 所示。通过添加过程指令，选择循环指令—FOR 指令，输入循环次数并确定后即可使用。

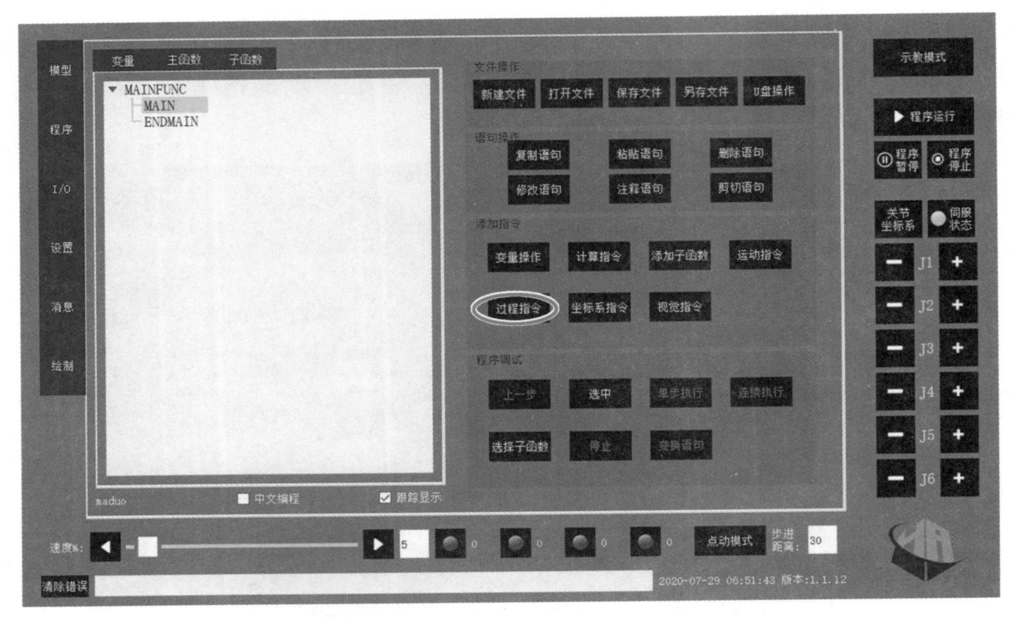

图 2-92　FOR 语句的选择

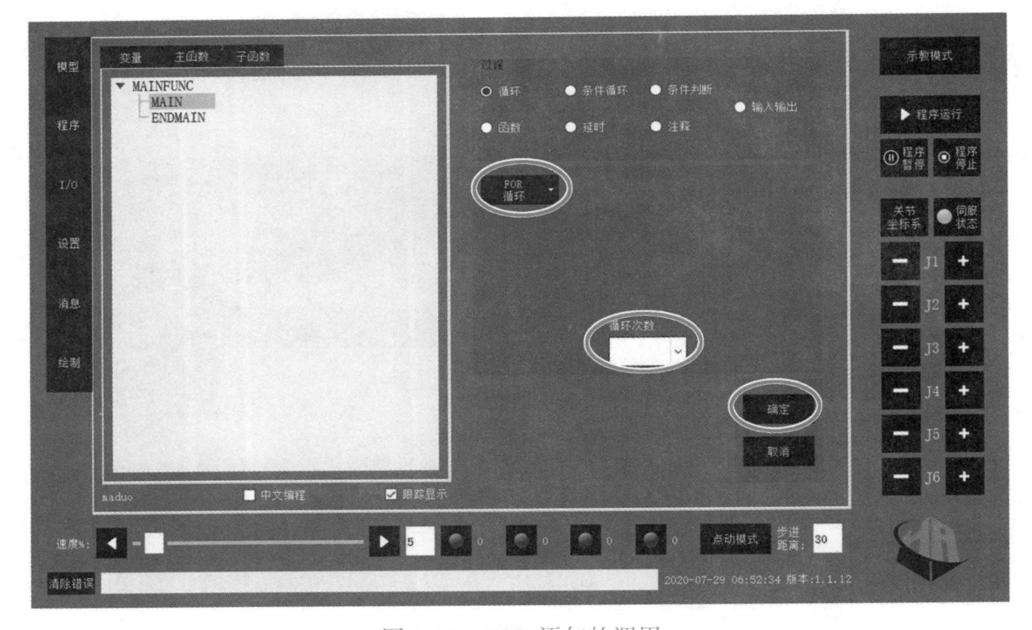

图 2-93　FOR 语句的调用

4. IF（判断）指令

IF 指令的用法：判断当某个语句条件成立时执行相应语句，否则不执行，如图 2-94 所示。

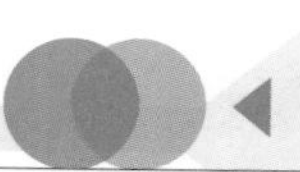

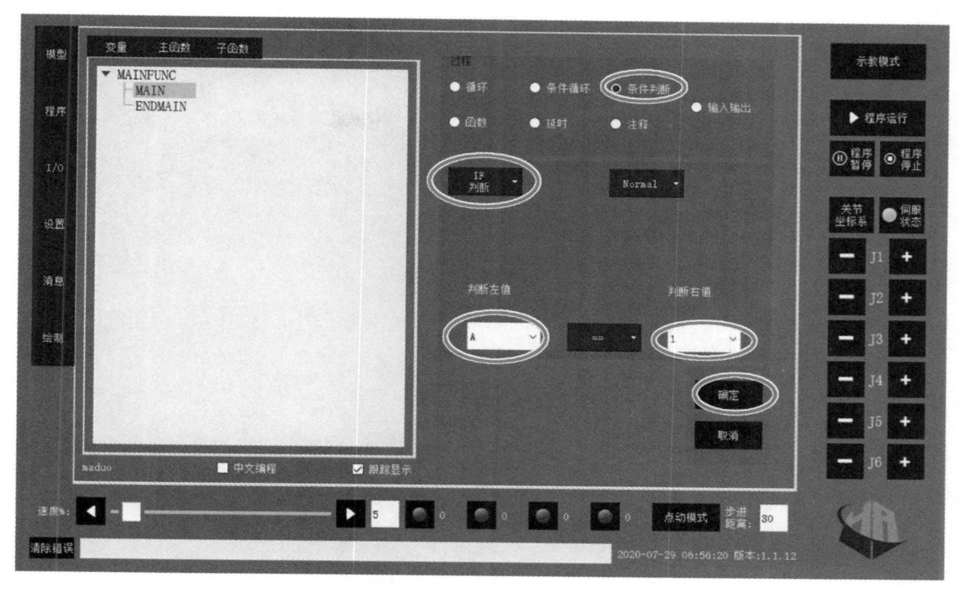

图 2-94　IF 语句的调用

5. 延时指令

选择“程序”菜单，在添加指令栏中单击“过程指令”在下拉列表框中选择“DELAY”，在下方文本框中输入延时时长（单位为 s），或者通过下拉列表框快速选择已经建立的 INT 型变量，如图 2-95 所示。

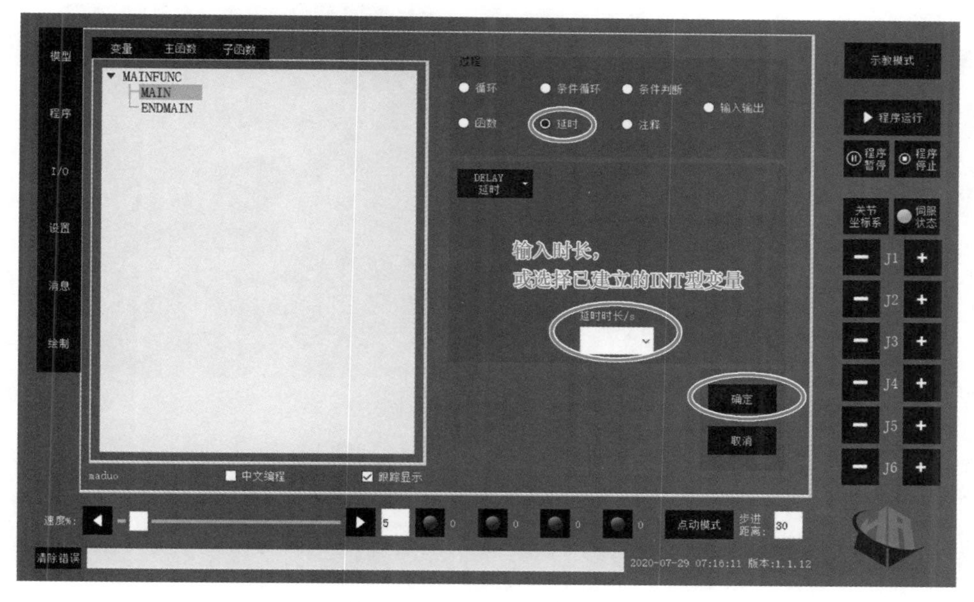

图 2-95　延时指令的调用

6. I/O 指令

I/O 指令主要用于控制吸盘夹具的开合，控制信号是“DO5”，手动操作方法：选择“I/O”菜单，单击 DO05，吸盘夹具打开，如图 2-96 所示。

在程序中调用 I/O 指令的方法：选择“程序”菜单，单击“过程指令”选中“输入输出”，在下拉列表框中选择“DOUT”，如图 2-97 所示。

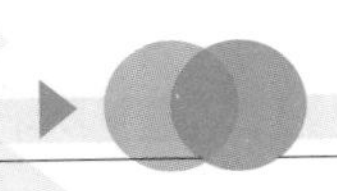

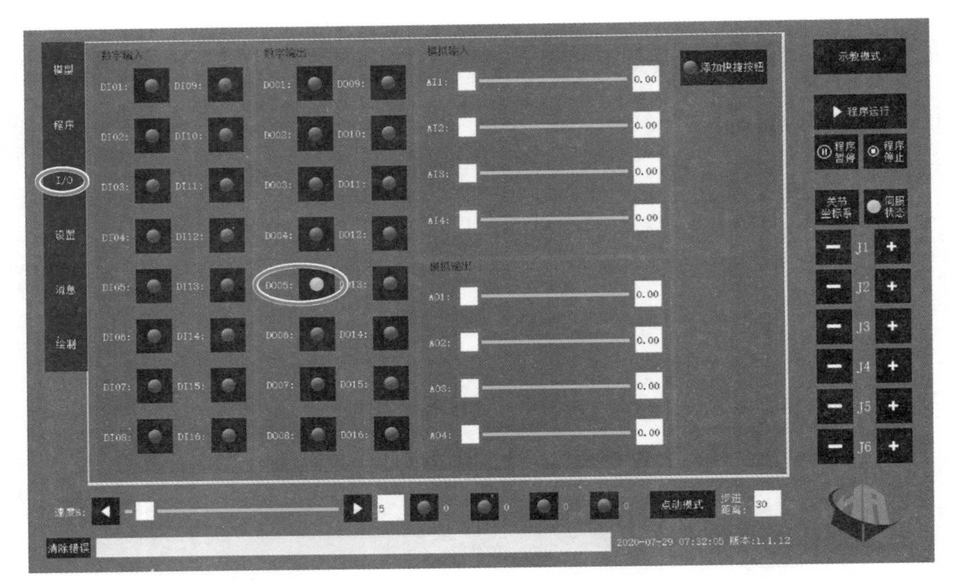

图 2-96　I/O 指令的手动操作

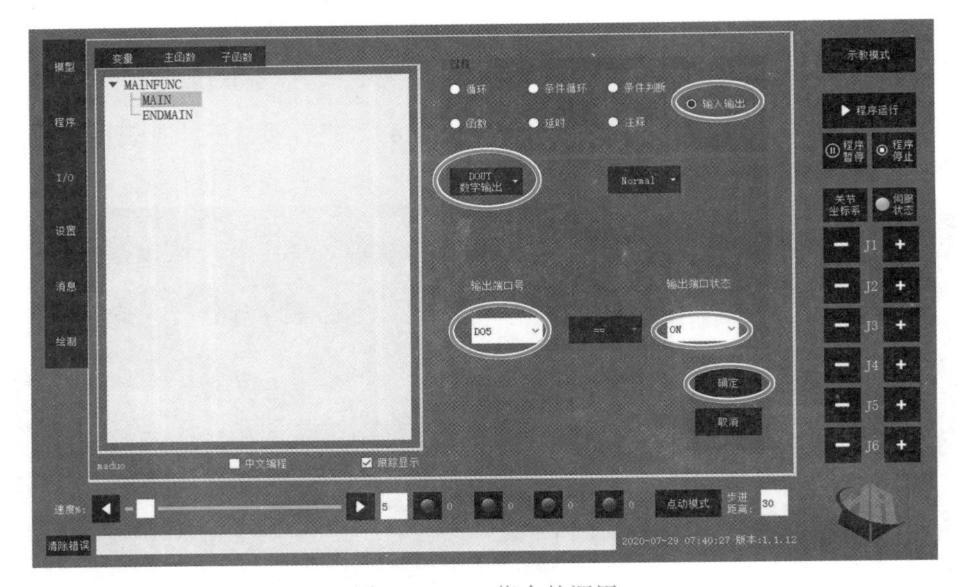

图 2-97　I/O 指令的调用

二、操作过程

根据任务要求将物料摆放至码垛板上，大物料在下，小物料摆放至大物料上方。具体操作步骤如下。

1）工业机器人上电。

2）打开伺服状态（使能），对工业机器人进行回零校准，使工业机器人 6 个轴回到零位。

3）在坐标系设置里选择“基坐标系”分别在 X、Y、Z 三个轴向运行，观察运动轨迹是否偏差过大，偏差过大则需要重新进行回零校准，若偏差较小则继续下列步骤：设置—高级设置—零位补偿—在关节坐标系下手动控制，更改 6 轴中对应的数值，进行调整。

注意： 当工业机器人速度设置过大时，可能会导致工业机器人回零失败，一般速度设

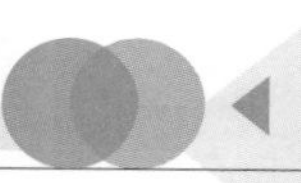

置在 15% 左右即可。

4）在程序界面新建码垛搬运的程序文件，文件名可自行设置（如“maduo”），添加指令，在右边的运动指令中找到“MOVABSJ”，建立初始点，初始点可以直接设定为回零校准后的零位，方便每次程序执行结束回初始位置。

5）码垛搬运不需要设定坐标系，可在基坐标系下进行，将工业机器人移动至抓取位置上方 100mm 处（高度可自己设定），在运动指令中找到 MOVJ 记录该点。

码垛模块实训

6）在新建码垛程序中建立变量，分别加入两个抓取点和放置点、一个赋值点（temp 点）、一个高度点（z30）、三个放置偏移点（x30、x60、x10、y10）、两个抓长偏移点（y30、x60）和赋值变量 A，如图 2-98 和图 2-99 所示。

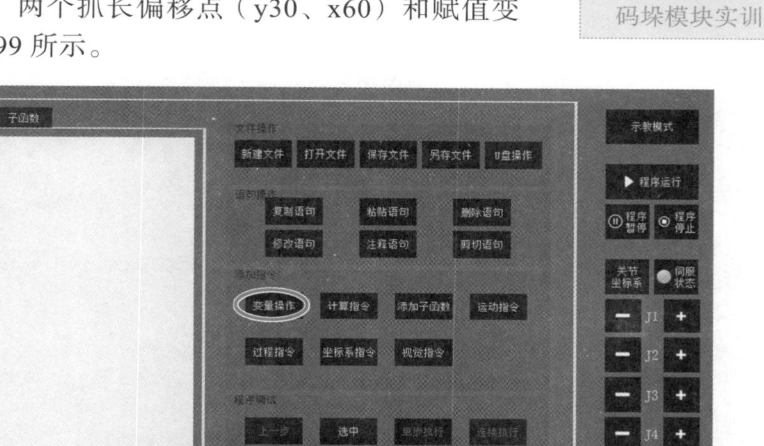

图 2-98　新建变量界面

7）编辑程序，搬运按照从左到右、从上到下的顺序编写，完成后保存（空压机气路硬件连接线在输出中为“DO5”，控制吸盘开闭）。

```
MAINFUNC
MAIN
MOVABSJ
JOINT  CHUSHI(移至初始点)
CALCU  ZHUAc1=ZHUAc(抓长点赋值)
CALCU  FANGc1=FANGc(放长点赋值)
MOVJ
TERMINAL  TPOS1(移至近点)
FOR2(赋值子程序循环 2 次)
FOR4(赋值子程序循环 4 次)
CALCU temp=ZHUAc1+z30(temp 点赋值)
MOVL
TERMINAL temp(移至 temp 点)
MOVL
```

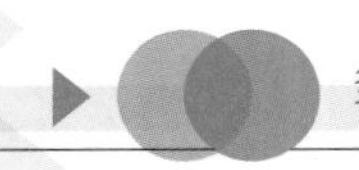


```
TERMINAL ZHUAc1(移至抓长 1 点)
DELAY 0.6
DOUT DO5 ON(延时 0.6s 吸取打开 DO5)
DELAY 0.6
MOVL
TERMINAL temp(回移至 temp 点)
CALCU temp=FANGc1+z30
CALCU temp=temp+x10y10(temp 点赋值)
MOVJ
TERMINAL temp(移至 temp 点)
MOVL
TERMINAL FANGc1(移至放长 1 点)
DELAY 0.6
DOUT DO5 OFF(延时 0.6s 吸取关闭 DO5)
DELAY 0.6
MOVLR
TERMINAL z30(相对位移至 z+30 高度)
CALCU ZHUAc1=ZHUAc1+y30(新抓长点赋值)
CALCU FANGc1=FANGc1+y30(新放长点赋值)
ENDFOR(赋值子程序循环 4 次结束)
CALCU ZHUAc1=ZHUAc+x60(新抓长点赋值)
CALCU FANGc1=FANGc+x60(新放长点赋值)
ENDFOR(赋值子程序循环 2 次结束)
MOVABSJ
JOINT  CHUSHI(不继续时可移至初始点)
CALCU ZHUAz1=ZHUAz(抓正点赋值)
CALCU FANGz1=FANGz(放正点赋值)
FOR4(赋值子程序循环 4 次)
FOR4(赋值子程序循环 4 次)
CALCU temp=ZHUAz1+z30(temp 点赋值)
MOVL
TERMINAL temp(移至 temp 点)
MOVL
TERMINAL ZHUAz1(移至抓正 1 点)
DELAY 0.6
DOUT DO5 ON(延时 0.6s 吸取打开 DO5)
DELAY 0.6
MOVL
TERMINAL temp(回移至 temp 点)
CALCU temp=FANGz1+z30
CALCU temp=temp+x10y10(temp 点赋值)
MOVJ
TERMINAL temp(移至 temp 点)
MOVL
TERMINAL FANGz1(移至放正 1 点)
DELAY 0.6
DOUT DO5 OFF(延时 0.6s 吸取关闭 DO5)
DELAY 0.6
MOVLR
```

```
TERMINAL z30(相对位移至 z+30 高度)
CALCU ZHUAz1=ZHUAz1+y30(新抓正点赋值)
CALCU FANGz1=FANGz1+Y30(新放正点赋值)
ENDFOR(赋值子程序循环 4 次结束)
CALCU A=A+1(赋值 A)
IF A=1
CALCU ZHUAz1=ZHUAz+x30(新抓正点赋值)
CALCU FANGz1=FANGz+x30(新放正点赋值)
ENDIF
IF A=2
CALCU ZHUAz1=ZHUAz+x30
CALCU ZHUAz1=ZHUAz1+x30(新抓正点赋值)
CALCU FANGz1=FANGz+x30
CALCU FANGz1=FANGz1+x30(新放正点赋值)
ENDIF
IF A=3
CALCU ZHUAz1=ZHUAz+x30
CALCU ZHUAz1=ZHUAz1+x30
CALCU ZHUAz1=ZHUAz1+x30(新抓正点赋值)
CALCU FANGz1=FANGz+x30
CALCU FANGz1=FANGz1+x30
CALCU FANGz1=FANGz1+x30(新放正点赋值)
ENDIF
ENDFOR(赋值子程序循环 4 次结束)
MOVABSJ  JOINT CHUSHI(结束后移至初始点)
ENDMAIN
```

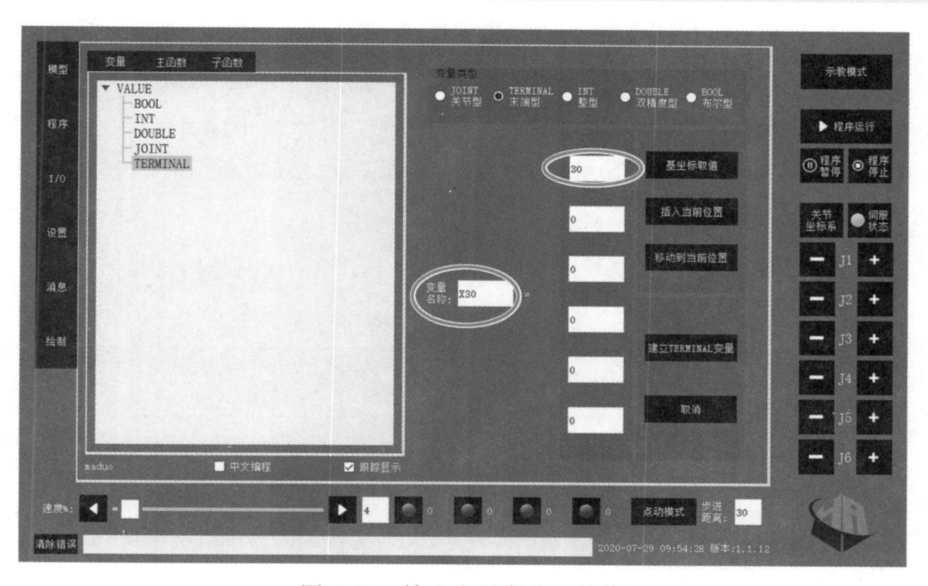

图 2-99　输入变量名称和数值

8）程序编写完成后，需要对设定的变量进行赋值（例，x30 变量需要在变量里 x 轴输入“30”）。分别示教抓长点（即抓取长方体的示教点）、抓正点（即抓取正方体的示教点）、放长点（放置长方体的示教点）、放正点（放置正方体的示教点），对四个点位进行示教并保存。

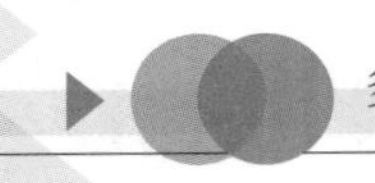

9）工业机器人回初始位置，并进回零校准。

10）将工业机器人工作模式切换到“再现模式”。进行试运行，第一次试运行不要将速度调得太快，检查是否有误，若有偏差，可进行微调。

微调方法：① 重新示教四个点位，做到示教尽量准确；② 可微调变量里面的数值，如 x30 点的 x 轴数值等。

项目评测

1. YL-12B 型工业机器人基础实训设备的示教器界面主要包括哪几部分？各有什么功能？

2. 试用 YL-12B 型工业机器人基础实训设备在 A4 纸上写出自己的姓名和学号，格式如图 2-100 所示。

3. 操作 YL-12B 型工业机器人基础实训设备运行图 2-101 所示轨迹。

姓名：XXXX

学号：XXXXXXXX

图 2-100　绘图练习

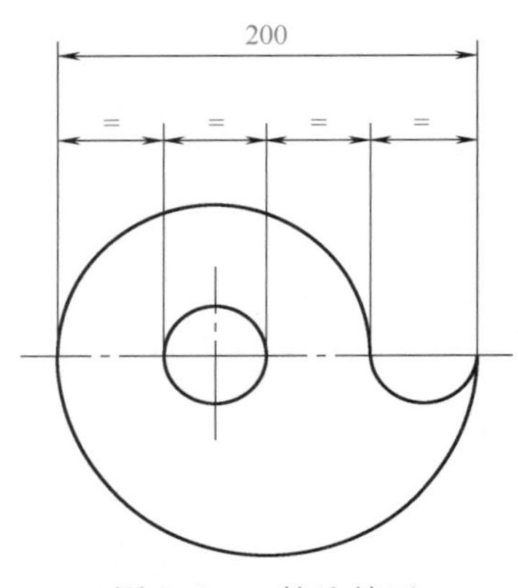

图 2-101　轨迹练习

4. 试操作 YL-12B 型工业机器人基础实训设备，将物料（16 个正方体、8 个长方体）摆放至码垛板上，要求小物料在下，大物料在上，分两行摆放，每行 4 块。

项目评价（表2-5）

表 2-5　项目评价

序号	内容	评分依据	自评分（20 分）	小组互评分（30 分）	教师课业评分（50 分）	总评分
1	任务 1　亚龙 YL-12B 型工业机器人基础实训设备的编程基础	1）能够创建亚龙 YL-12B 型工业机器人基础实训设备的基本程序 2）能够调试、修改工业机器人的现有程序 3）熟悉基本运动指令，能编写并调试程序 4）能够使用常用逻辑指令编写并调试程序 5）能够使用功能函数指令编写并调试程序				

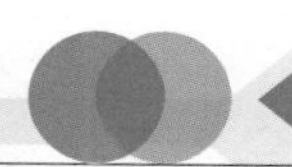

（续）

序号	内容	评分依据	自评分（20 分）	小组互评分（30 分）	教师课业评分（50 分）	总评分
2	任务 2　亚龙 YL-12B 型工业机器人基础实训设备的写字编程与操作	1）能对 YL-12B 型工业机器人基础实训设备进行坐标系标定 2）能用 YL-12B 型工业机器人基础实训设备进行写字绘图				
3	任务 3　亚龙 YL-12B 型工业机器人基础实训设备的轨迹编程与操作	1）能够正确编制亚龙 YL-12B 型工业机器人基础实训设备平面及曲面轨迹程序 2）能够调试、修改工业机器人的现有程序 3）能够操作工业机器人运行程序并进行调试				
4	任务 4　亚龙 YL-12B 型工业机器人基础实训设备的码垛编程与操作	1）能够编写亚龙 YL-12B 型工业机器人基础实训设备的码垛程序 2）能够正确使用吸盘夹具的控制指令 3）能够调试、修改工业机器人的现有程序 4）能够操作工业机器人运行码垛程序并进行调试				

项目 3

亚龙 YL-12B 型工业机器人基础实训设备的 PLC 编程与调试

本项目重点介绍 S7-200 SMART PLC 及其基本编程调试方法。S7-200 SMART 系列 PLC 包括各种扩展模块和信号板，如图 3-1 所示。可以将这些扩展模块与标准 CPU（SR20、ST20、SR30、ST30、SR40、ST40、SR60、ST60）连接，扩展 CPU 附加功能。

图 3-1　S7-200 SMART 系列 CPU、扩展模块和信号板

任务 1　S7-200 SMART PLC 介绍

任务目标

【知识目标】

1. 了解 SIMATIC S7-200 SMART PLC 的产品特点。
2. 了解 S7-200 SMART CPU。
3. 了解 S7-200 SMART PLC 扩展模块。

【能力目标】

1. 能够正确叙述 SIMATIC S7-200 SMART PLC 的产品特点。
2. 能够正确选用 S7-200 SMART CPU 及扩展模块。
3. 能够描述 PLC 的工作原理。

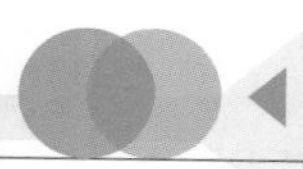

任务描述

S7-200 SMART 系列 PLC 包括多种微型可编程逻辑控制器（Micro PLC），这些控制器可用于各种自动化设备。本任务主要从 S7-200 SMART PLC 产品特点谈起，围绕 CPU 本体和 PLC 的工作过程，带领学生对 S7-200 SMART PLC 有一个基本的认识。

相关知识

一、SIMATIC S7-200 SMART PLC 的产品特点

SIMATIC S7-200 SMART PLC 是西门子公司经过大量市场调研，为我国量身定制的一款高性价比的小型 PLC 产品。它结合西门子 SINAMICS 驱动产品及 SIMATIC 人机界面产品，主要用于以 S7-200 SMART 为核心的小型自动化设备。

1. 机型丰富，更多选择

S7-200 SMART PLC 提供不同类型、I/O 点数丰富的 CPU 模块，单体 I/O 点数最高达 60 点，可满足大部分小型自动化设备的控制需求。另外，配备标准型和经济型 CPU 模块供用户选择，对应不同的应用需求，产品配置更加灵活，最大限度地控制了成本。

2. 选件扩展，精确定制

新颖的信号板设计可扩展通信端口、数字量通道、模拟量通道。在不额外占用电控柜空间的前提下，信号板扩展能更加贴合用户的实际配置，提升产品的利用率，同时降低用户的扩展成本。

3. 高速芯片，性能卓越

配备西门子专用高速处理器芯片，基本指令执行时间可达 0.15μs，在同级别小型 PLC 中遥遥领先。一颗强有力的“芯”，能让您在应对烦琐的程序逻辑、复杂的工艺要求时从容不迫。

4. 以太互联，经济便捷

CPU 标配的以太网接口支持 PROFINET、TCP、UDP、Modbus TCP 等多种工业以太网通信协议。通过此接口还可与其他 PLC、触摸屏、变频器、伺服驱动器、上位机等联网通信。利用一根普通的网线即可将程序下载到 PLC 中，省去了专用编程电缆，经济快捷。

5. 多轴运控，灵活自如

CPU 模块本体最多集成 3 路高速脉冲输出，频率高达 100kHz，支持 PWM/PTO 输出方式以及多种运动模式，轻松驱动伺服驱动器。

CPU 集成的 PROFINET 接口可以连接多台伺服驱动器，配以方便易用的 SINAMICS 运动库指令，快速实现设备调速、定位等运控功能。

6. 通用 SD 卡，远程更新

本机集成的 Micro SD 卡插槽可实现远程维护程序的功能。使用市面上通用的 Micro SD 卡轻松更新程序、恢复出厂设置、升级固件。全面提高客户满意度，并大幅降低售后成本。

7. 软件友好，编程高效

在继承西门子编程软件强大功能的基础上，融入了更多的人性化设计，如新颖的带状

式菜单、全移动式界面窗口、方便的程序注释功能、强大的密码保护等。在体验强大功能的同时，大幅提高开发效率，缩短产品上市时间。

8. 完美整合，无缝集成

SIMATIC S7-200 SMART 可编程控制器、SIMATIC SMART LINE 触摸屏、SINAMICS V20 变频器和 SINAMICS V90 伺服驱动系统完美整合，为 OEM 客户带来高性价比的小型自动化解决方案，满足客户对于人机交互、控制、驱动等功能的全方位需求。

二、S7-200 SMART CPU

CPU 将微处理器、集成电源、输入电路和输出电路组合到一个结构紧凑的外壳中，形成功能强大的 Micro PLC。下载用户程序后，CPU 将包含监控应用中的输入和输出设备所需的逻辑。全新的 S7-200 SMART CPU 模块可全方位满足不同行业、不同客户、不同设备的各种需求。SR/ST 标准型 CPU 最多集成 60 个 I/O 点，可扩展 6 个扩展模块和 1 个信号板，适用于 I/O 点数较多、逻辑控制较为复杂的应用；而经济型 CPU 模块直接通过单机本体满足相对简单的控制需求。CPU 本体如图 3-2 所示。

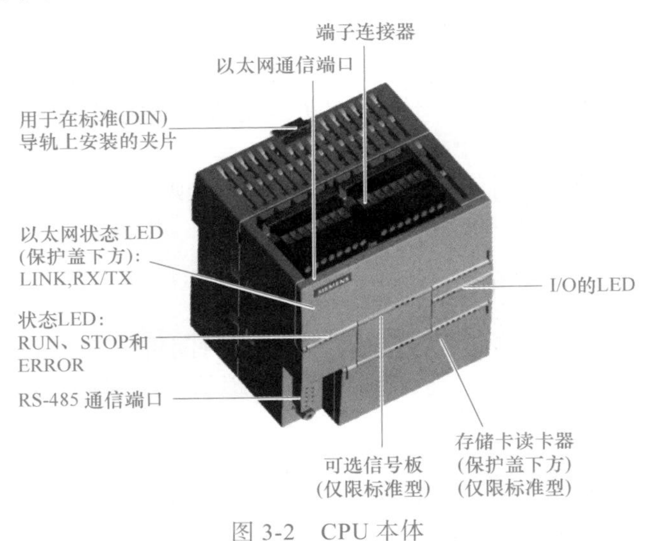

图 3-2 CPU 本体

1. CPU 模块

1）CPU 模块主要由 CPU 芯片和存储器组成。S7-200 SMART CPU 系列包括 14 个 CPU 型号，分为两条产品线：紧凑型产品线和标准型产品线。CPU 标识的第一个字母表示产品线：紧凑型（C）或标准型（S）。标识的第二个字母表示交流电源 / 继电器输出（R）或直流电源 / 直流晶体管（T）。标识中的数字表示总板载数字量 I/O 计数。I/O 计数后的小写字符“s”（仅限串行端口）表示新的紧凑型号。最多集成 60 个 I/O 点，标准型 CPU 最多可以配置 6 个扩展模块和一块安装在 CPU 内的信号板。经济型（紧凑型）CPU 价格较便宜。

说明： S7-200 SMART CPU 固件版本 V2.4 和 V2.5 不适用于 CPU CRs 和 CPU CR 型号。

2）标准型 CPU 集成了以太网端口和 RS-485 端口，可扩展一块通信信号板。

3）场效应晶体管输出型 CPU 可以输出两路或 3 路 100kHz 的高速脉冲，相当于集成了 S7-200 SMART 的位置控制模块的功能。

4）标准型 CPU 有 6 个最高频率为单相 200kHz 或 30kHz 的高速计数器。紧凑型 CPU 有 4 个高速计数器，最高频率是标准型的一半。

5）继电器输出的紧凑型 CPU 仅有一个串口，没有扩展功能，没有实时时钟、读卡器，硬件功能和通信功能较差，价格便宜。

6）CPU 模块中的存储器。PLC 的程序分为操作系统和用户程序。RAM（随机存取存储器）的工作速度高、价格便宜、改写方便，断电后存储的信息丢失，ROM（只读存储器）只能读出，不能写入，断电后存储的信息不会丢失。E^2PROM（可以电擦除可编程的只读存储器）的数据可以读出和改写，断电后信息不会丢失，写入数据的时间比 RAM 长，改写的次数有限制。通常用 E^2PROM 来存储用户程序和需要长期保存的重要数据。

2. 扩展模块和信号板

扩展模块包括输入、输出模块，简称为 I/O 模块。输入模块用来采集输入信号，输出模块用来控制外部负载和执行器。I/O 模块还有电平转换与隔离的作用。

3. 编程软件

STEP 7-Micro/WIN SMART 用来生成和编辑用户程序，并监控 PLC 的运行。

4. 电源

PLC 使用 AC 220V 或 DC 24V 电源，可以为输入电路和外部传感器提供 DC 24V 电源。

三、S7-200 SMART PLC 扩展模块

S7-200 SMART 系列 PLC 包括诸多扩展模块、信号板和通信模块。可将这些扩展模块与标准 CPU 型号（SR20、ST20、SR30、ST30、SR40、ST40、SR60 或 ST60）搭配使用，为 CPU 增加附加功能。扩展模块和信号板介绍见表 3-1。

表 3-1　扩展模块和信号板

类型	仅输入	仅输出	输入 / 输出组合	其他
数字量扩展模块	• 8 个直流输入 • 16 个直流输入	• 8 个直流输出 • 8 个继电器输出 • 16 个继电器输出 • 16 个直流输出	• 8 个直流输入 /8 个直流输出 • 8 个直流输入 /8 个继电器输出 • 16 个直流输入 /16 个直流输出 • 16 个直流输入 /16 个继电器输出	
模拟量扩展模块	• 4 个模拟量输入 • 8 个模拟量输入 • 2 个 RTD 输入 • 4 个 RTD 输入 • 4 个热电偶输入	• 2 个模拟量输出 • 4 个模拟量输出	• 4 个模拟量输入 /2 个模拟量输出 • 2 个模拟量输入 /1 个模拟量输出	
信号板	• 1 个模拟量输入	• 1 个模拟量输出	• 2 个直流输入 /2 个直流输出	RS-485/RS-232 电池板

1. 数字量输入电路和模块

输入电路如图 3-3 所示，有 8 点、16 点输入 / 输出模块，16 点、32 点输入 / 输出模块。输出模块有晶体管和继电器两种。

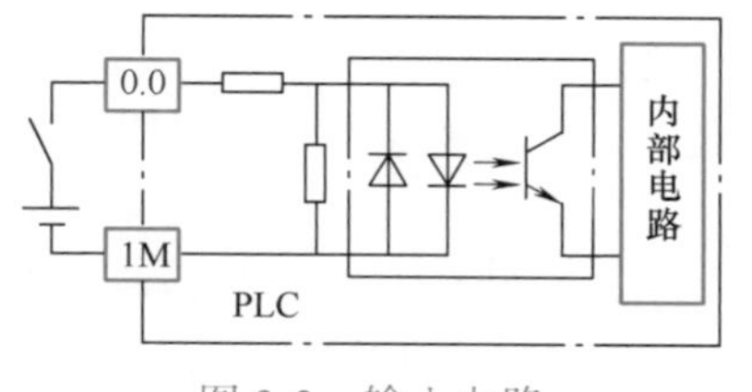

图 3-3　输入电路

1M 是同一组输入点各内部输入电路的公共点，输入电流为几毫安。

外接触点接通时，发光二极管亮，光电晶体管饱和

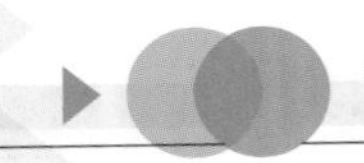

导通；反之，发光二极管熄灭，光电晶体管截止，信号经内部电路传送给 CPU 模块。

电流从输入端流入为漏型输入；反之，为源型输入。

2. 数字量输出电路和模块

继电器输出电路可以驱动直流负载和交流负载，承受瞬时过电压和过电流的能力较强，动作速度慢，动作次数有限。继电器输出电路如图 3-4 所示。

场效应晶体管输出电路只能驱动直流负载，其反应速度快、寿命长，过载能力稍差。场效应晶体管输出电路如图 3-5 所示。

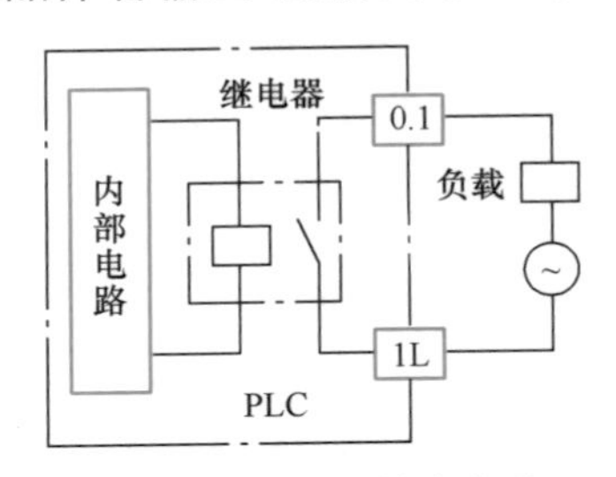

图 3-4 继电器输出电路

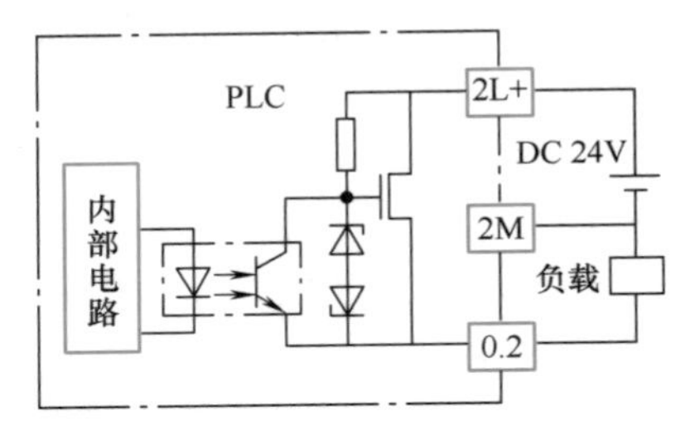

图 3-5 场效应晶体管输出电路

3. 信号板与通信模块

SB DT04：2 点数字量直流输入 /2 点数字量场效应晶体管输出。

SB AE01：1 点模拟量输入信号板。

SB AQ01：1 点模拟量输出信号板。

SB CM01：RS-485/RS-232 信号板。

SB BA01：电池信号板，使用 CR1025 纽扣电池，保持实时时钟大约一年。

EM DP01：PROFIBUS-DP 通信模块。

4. 模拟量扩展模块

模拟量输入（AI）模块将模拟量转换为多位数字量。模拟量输出（AO）模块将 PLC 中的多位数字量转换为模拟量电压或电流。有 4AI、8AI、2AO、4AO、2AI/1AO、4AI/2AO、热电阻、热电偶模块。

（1）模拟量输入模块

EM AE04 有 4 种量程。电压模式的分辨率为 12 位 + 符号位，电流模式的分辨率为 12 位。单极性满量程输入范围对应的数字量输出为 0~27648。双极性满量程输入范围对应的数字量输出为 −27648~+27648。

（2）模拟量输出模块

EM AQ02 有 10V 和 0~20mA 两种量程，对应的数字量为 −27648~+27648 和 0~27648。电压输出和电流输出的分辨率分别为 11 位 + 符号位和 11 位。

四、PLC 的工作原理

1. 控制逻辑的执行

CPU 连续执行程序中的控制逻辑和读写数据。基本操作如下。

1）CPU 读取输入状态。

2）存储在 CPU 中的程序使用这些输入评估控制逻辑。

3）程序运行时，CPU 更新数据。

4）CPU 将数据写入输出。

电气继电器与CPU关系如图3-6所示。用于启动电动机开关的状态与其他输入的状态相对应。这些状态的计算结果用于控制电动机启动器的输出状态。

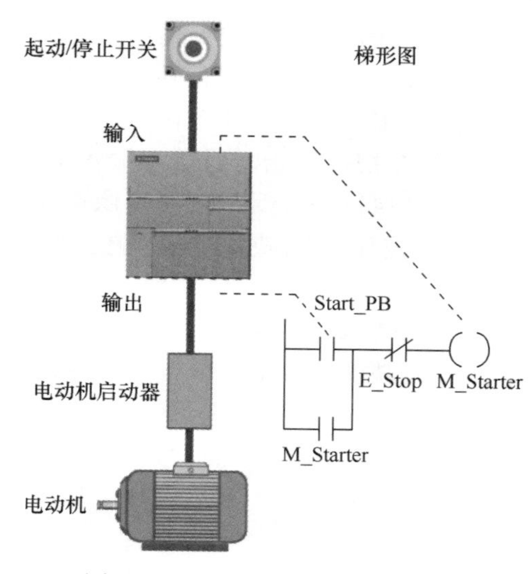

图3-6 电气继电器与CPU关系

2. 扫描周期中的任务

CPU反复执行一系列任务。这种任务循环执行一次的时间称为扫描周期。用户程序的执行与否取决于CPU处于STOP模式还是RUN模式。在RUN模式下，执行程序；在STOP模式下，不执行程序。CPU在扫描周期中执行任务如图3-7所示。

（1）读取输入

数字量输入：每个扫描周期开始时，会读取数字量输入的电流值，然后将该值写入过程映像输入寄存器。

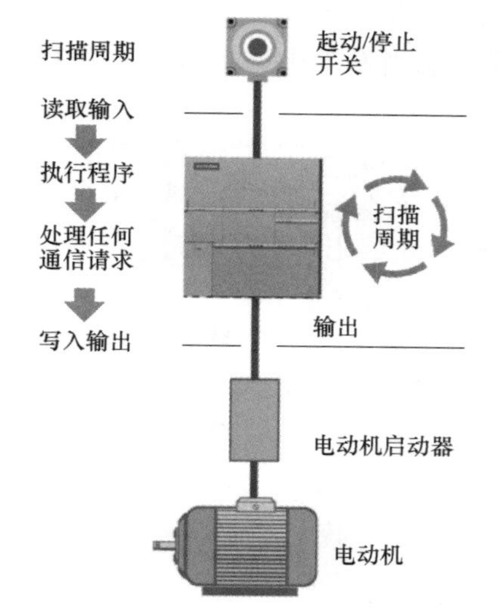

图3-7 CPU在扫描周期中执行任务

模拟量输入：CPU在正常扫描周期中不会读取模拟量输入值。只有当程序访问模拟量输入时，才立即从设备中读取模拟量值。

（2）写入输出

数字量输出：扫描周期结束时，CPU将存储在过程映像输出寄存器的值写入数字量输出。

模拟量输出：CPU在正常扫描周期中不会写入模拟量输出值。只有当程序访问模拟量输出时，才立即写入模拟量输出。

（3）立即读取或写入I/O

CPU指令集提供立即读取或写入物理I/O的指令。这些立即I/O指令可用来直接访问实际输出点或输入点，即使映像寄存器通常用作I/O访问的源地址或目的地址。使用立即指令访问输入点时，不改变相应过程映像输入寄存器单元。使用立即指令访问输出点时，

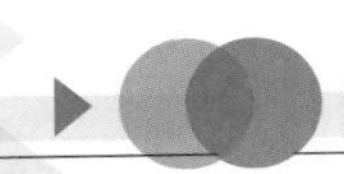

将同时更新相应过程映像输出寄存器单元。

在程序执行期间，使用过程映像寄存器比直接访问输入点或输出点更有优势。使用映像寄存器主要有以下 3 个优点。

1）在扫描开始时对所有输入进行采样，可在扫描周期的程序执行阶段同步和冻结输入值。程序执行完成后，使用映像寄存器中的值更新输出。这样会使系统更稳定。

2）程序访问映像寄存器的速度比访问 I/O 点的速度快得多，从而可以更快地执行程序。

3）I/O 点是位实体，必须以位或字节的形式访问，但可以采用位、字节、字或双字的形式访问映像寄存器。因此，使用映像寄存器更为灵活。

（4）执行用户程序

在扫描周期的执行阶段，CPU 执行主程序，从第一条指令开始并连续执行到最后一条指令。在主程序或中断子程序的执行过程中，使用立即 I/O 指令可立即访问输入和输出。

如果在程序中使用子程序，则子程序作为程序的一部分进行存储。主程序、另一个子程序或中断子程序调用子程序时，执行子程序。从主程序调用时，子程序的嵌套深度是 8 级，从中断子程序调用时，嵌套深度是 4 级。

如果在程序中使用中断，则与中断事件相关的中断子程序将作为程序的一部分进行存储。在正常扫描周期中并不一定执行中断子程序，而当发生中断事件时才执行中断子程序（可以是扫描周期内的任何时间）。

图 3-8 描述了一个典型的扫描流程，该流程包括局部存储器的使用和两个中断事件（一个事件发生在程序执行阶段，另一个事件发生在扫描周期的通信阶段）。子程序由下一个较高级别调用，并在调用时执行。发生相关中断事件时才调用中断子程序。

3. 访问数据

CPU 将信息存储在不同的存储单元，每个位置均具有唯一的地址，该地址可以用来访问存储器，这样程序将直接访问该信息。要访问存储区中的位，必须指定地址，该地址包括存储器标识符、字节地址和位号（也称为“字节 . 位”寻址）。CPU 信息存储见表 3-2。

表 3-2 CPU 信息存储

位地址元素	说明	
M 3 . 4 A B C D 0 1 2 3 E 4 5 7 6 5 4 3 2 1 0 F	A	存储区标识符
	B	字节地址：字节 3
	C	分隔符（“字节 . 位”）
	D	位在字节中的位置（位 4，共 8 位，编号 0~7 的位）
	E	存储区的字节
	F	选定字节的位

在此示例中，存储区和字节地址（“M3”）代表 M 存储器的第 3 个字节，用句点（“.”）与位地址（位 4）分开。

要按字节、字或双字访问存储器中的数据，必须采用类似于指定位地址的方法指定地址。

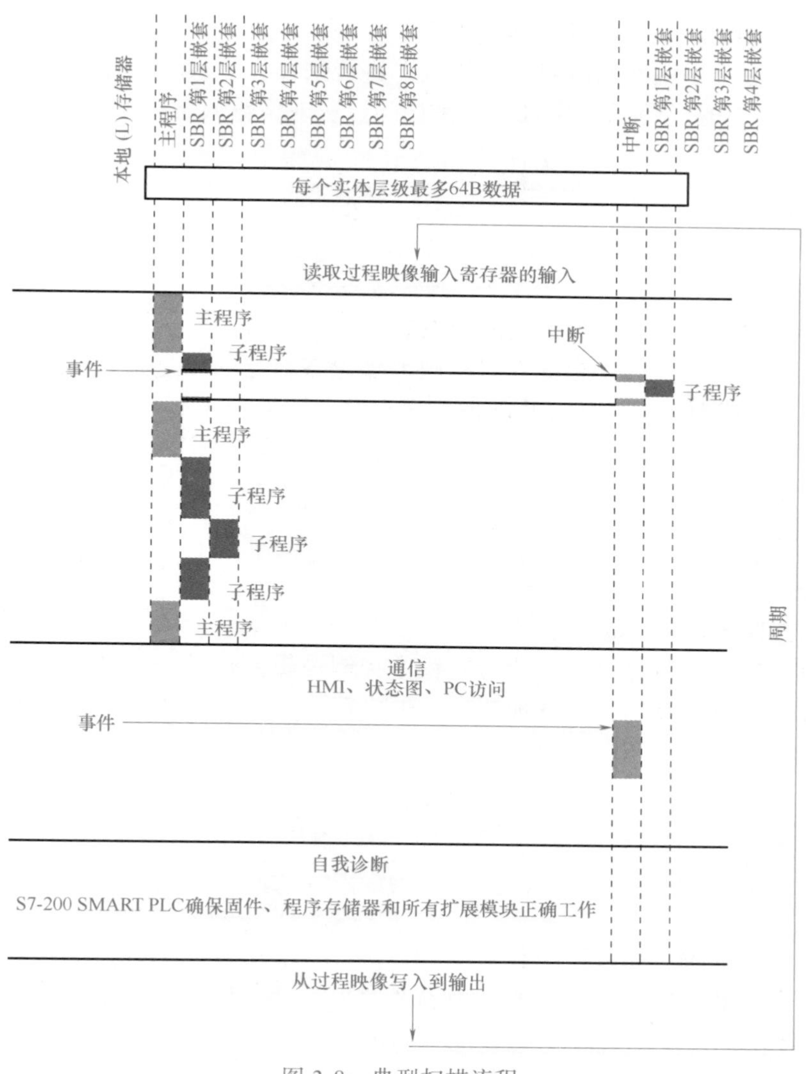

图 3-8　典型扫描流程

使用“字节地址”格式可按字节、字或双字访问多数存储区（V、I、Q、M、S、L 和 SM）中的数据。这包括区域标识符、数据大小标识和字节、字或双字值的起始字节地址，存储器中字节、字或双字数据如图 3-9 所示。

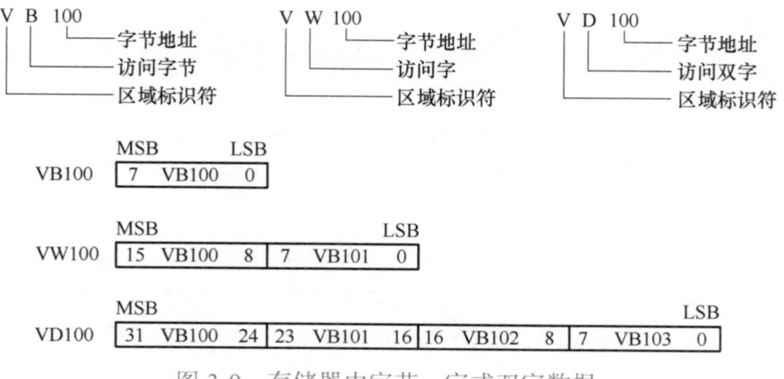

图 3-9　存储器中字节、字或双字数据

（1）访问存储区 I（过程映像输入寄存器）

CPU 在每个扫描周期开始时对物理输入点进行采样，然后将采样值写入过程映像输入寄存器。用户可以按位、字节、字或双字来访问过程映像输入寄存器，见表 3-3。

表 3-3　I 存储区的绝对寻址

位	I［字节地址］.［位地址］	I0.1
字节、字或双字	I［大小］［起始字节地址］	IB4、IW7、ID20

（2）访问存储区 Q（过程映像输出寄存器）

扫描周期结束时，CPU 将存储在过程映像输出寄存器的值复制到物理输出点。用户可以按位、字节、字或双字来访问过程映像输出寄存器，见表 3-4。

表 3-4　Q 存储区的绝对寻址

位	Q［字节地址］.［位地址］	Q1.1
字节、字或双字	Q［大小］［起始字节地址］	QB5、QW14、QD28

（3）访问存储区 V（变量存储器）

可以使用变量存储器存储程序执行过程中控制逻辑操作的中间结果，也可以使用变量存储器存储与过程或任务相关的其他数据。可以按位、字节、字或双字访问 V 存储区，见表 3-5。

表 3-5　V 存储区的绝对寻址

位	V［字节地址］.［位地址］	V10.2
字节、字或双字	V［大小］［起始字节地址］	VB16、VW100、VD2136

（4）访问存储区 M（标志存储器）

可以将标志存储器用作内部控制继电器来存储操作的中间状态或其他控制信息。可以按位、字节、字或双字访问标志存储区，见表 3-6。

表 3-6　M 存储区的绝对寻址

位	M［字节地址］.［位地址］	M26.7
字节、字或双字	M［大小］［起始字节地址］	MB0、MW11、MD20

（5）访问存储区 T（定时器存储器）

CPU 提供的定时器能够以 1ms、10ms 或 100ms 的精度（时基增量）累计时间。定时器有以下两个变量。

1）当前值：该 16 位有符号整数可存储定时器计数的时间量。

2）定时器位：比较当前值和预设值后，可置位或清除该位。预设值是定时器指令的一部分。

可以使用定时器地址（T + 定时器编号）访问这两个变量。访问定时器位还是当前值取决于所使用的指令：带位操作数的指令会访问定时器位，而带字操作数的指令则访问当前值。如图 3-10 所示，“常开触点”指令访问的是定时器位，而“移动字”指令访问的是定时器的当前值。T 存储区的绝对寻址见表 3-7。

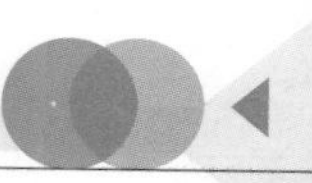

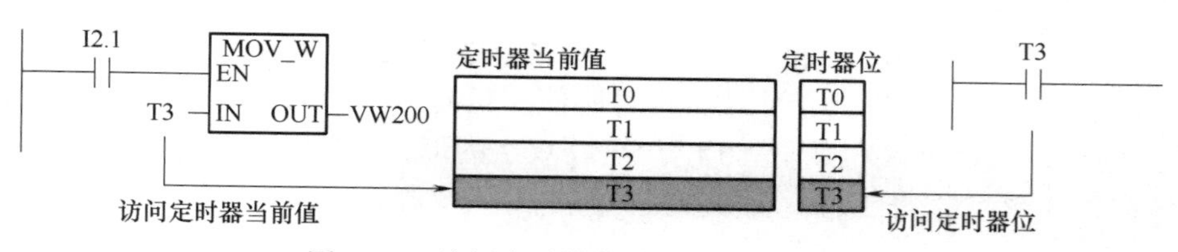

图 3-10 访问定时器位或定时器的当前值

表 3-7 T 存储区的绝对寻址

定时器	T［定时器编号］	T25

（6）访问存储区 C（计数器存储器）

CPU 提供三种类型的计数器，对计数器输入的每一个由低到高的跳变事件进行计数：一种类型仅向上计数，一种类型仅向下计数，还有一种类型可向上和向下计数。两个与计数器相关的变量如下。

1）当前值：该 16 位有符号整数用于存储累加的计数值。

2）计数器位：比较当前值和预设值后，可置位或清除该位。预设值是计数器指令的一部分。

可以使用计数器地址（C + 计数器编号）访问这两个变量。访问计数器位还是当前值取决于所使用的指令：带位操作数的指令会访问计数器位，而带字操作数的指令则访问当前值。如图 3-11 所示，“常开触点”指令访问的是计数器位，而“移动字”指令访问的是计数器的当前值。C 存储区的绝对寻址见表 3-8。

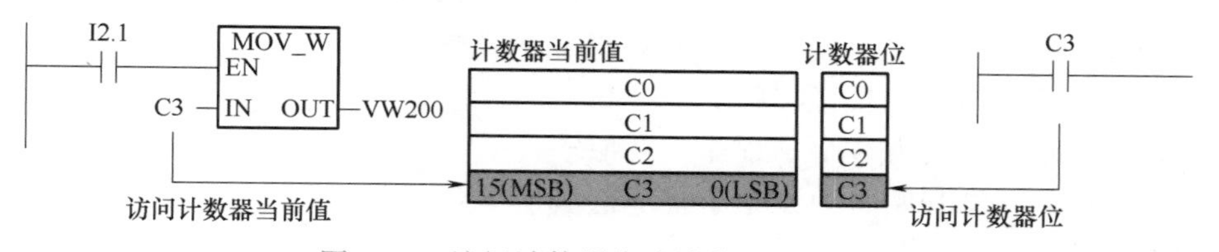

图 3-11 访问计数器位或计数器的当前值

表 3-8 C 存储区的绝对寻址

计数器	C［计数器编号］	C25

（7）访问存储区 HC（高速计数器）

高速计数器独立于 CPU 的扫描周期对高速事件进行计数。高速计数器有一个有符号 32 位整数计数值（或当前值）。要访问高速计数器的计数值，需要利用存储器类型（HC）和计数器编号指定高速计数器的地址。高速计数器的当前值是只读值，仅可作为双字（32 位）来寻址。HC 存储区的绝对寻址见表 3-9。

表 3-9 HC 存储区的绝对寻址

高速计数器	HC［高速计数器编号］	HC1

（8）访问存储区 AC（累加器）

累加器是可以像存储器一样使用的读 / 写器件。例如，可以使用累加器向子程序传递参数或从子程序返回参数，并可存储计算中使用的中间值。CPU 提供了四个 32 位累加器

（AC0、AC1、AC2 和 AC3），可以按位、字节、字或双字访问累加器中的数据。

被访问的数据大小取决于访问累加器时所使用的指令。当以字节或字的形式访问累加器时，使用的是数值的低 8 位或低 16 位。当以双字的形式访问累加器时，使用全部 32 位。AC 存储区的绝对寻址见表 3-10。

表 3-10　AC 存储区的绝对寻址

累加器	AC［累加器编号］	AC0

（9）访问存储区 SM（特殊存储器）

SM 位提供了在 CPU 和用户程序之间传递信息的一种方法。可以使用这些位来选择和控制 CPU 的某些特殊功能，例如，在第一个扫描周期接通的位、以固定速率切换的位或显示数学或运算指令状态的位。可以按位、字节、字或双字访问 SM 位，见表 3-11。

表 3-11　SM 存储区的绝对寻址

位	SM［字节地址］.［位地址］	SM0.1
字节、字或双字	SM［大小］［起始字节地址］	SMB86、SMW300、SMD1000

（10）访问存储区 L（局部存储器）

在局部存储器栈中，CPU 为每个程序组织单元（Program Organizational Unit，POU）提供 64B 的局部存储器。POU 相关的 L 存储区地址仅可由当前执行的 POU（主程序、子程序或中断子程序）进行访问。当使用中断子程序和子程序时，局部存储器栈用于保留暂停执行的 POU 的局部存储器值，这样另一个 POU 就可以执行。之后，暂停的 POU 可通过在为其他 POU 提供执行控制之前就存在的 L 存储器的值恢复执行。

局部存储器栈最大嵌套层数限制如下。

1）当从主程序开始时为 8 个子程序嵌套层。

2）当从中断子程序开始时为 4 个子程序嵌套层。

嵌套限制允许在程序中有 14 层的执行栈。例如，主程序（第 1 层）有 8 个嵌套子程序（第 2~9 层）。在执行第 9 层的子程序时，会发生中断（第 10 层）。中断子程序包括四个嵌套的子程序（第 11~14 层）。

局部存储器具有如下规则。

1）可将局部存储器用于所有类型 POU（主程序、子程序和中断子程序）中的局部临时“TEMP”变量。

2）只有子程序可将局部存储器用于传递到子程序或从子程序中传出的“IN”“IN_OUT”和“OUT”类型的变量。

3）无论是以 LAD 还是以 FBD 编写子程序，“TEMP”“IN”“IN_OUT”和“OUT”变量只能占 60B。STEP 7-Micro/WIN SMART 会使用局部存储器的最后 4B。

局部存储器符号、变量类型和数据类型会在“变量”表中进行分配，当在程序编辑器中打开相关的 POU 时，此表可用。当成功编译了 POU 时，会自动分配局部存储器的绝对地址。

在大多数情况下，在程序逻辑中使用局部存储器符号名称引用，因为在成功编译整个 POU 之前，局部存储器的所有绝对地址均未知。然而，可以使用表 3-12 中列出的 L 存储区的绝对地址。

表 3-12　L 存储区的绝对寻址

位	L［字节地址］.［位地址］	L0.0
字节、字或双字	L［大小］［起始字节地址］	LB33、LW5、LD20

任务 2　S7-200 SMART PLC 程序的编写与下载

任务目标

【知识目标】

1. 了解 STEP 7-Micro/WIN SMART 编程软件界面。
2. 了解 STEP 7-Micro/WIN SMART 用户程序元素。
3. 掌握 STEP 7-Micro/WIN SMART 编程下载方法。

【能力目标】

1. 能够正确叙述 SIMATIC S7-200 SMART PLC 编程软件界面的组成。
2. 能够正确设置 S7-200 SMART CPU 及通信。
3. 能够编写 PLC 程序并下载调试。

任务描述

S7-200 SMART PLC 采用 STEP 7-Micro/WIN SMART 软件进行编程。本任务主要学习 STEP 7-Micro/WIN SMART 编程软件的基本使用，分析大赛任务要求片段，完成 PLC 控制部分的编程和调试。

相关知识

一、STEP 7-Micro/WIN SMART 编程软件

1. 编程软件的界面

STEP 7-Micro/WIN SMART 用户界面如图 3-12 所示。请注意，每个编辑窗口均可按用户所选择的方式停放或浮动以及排列在屏幕上。用户可单独显示每个窗口，也可合并多个窗口以从单独标签访问各窗口。各窗口对应的名称及功能如下。

（1）快速访问工具栏

快速访问工具栏显示在菜单栏正上方。通过快速访问文件按钮可简单快速地访问“文件”（File）菜单的大部分功能，并可访问最近打开的文档。快速访问工具栏上的其他按钮对应于文件功能“新建”（New）、“打开”（Open）、“保存”（Save）和“打印”（Print）。

（2）项目树

项目树显示所有的项目对象和创建控制程序需要的指令。用户可以将单个指令从项目

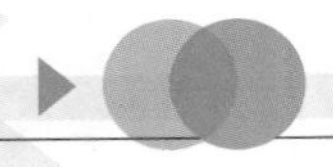

树中拖放到程序中，也可以双击指令，将其插入项目编辑器中的当前光标位置。

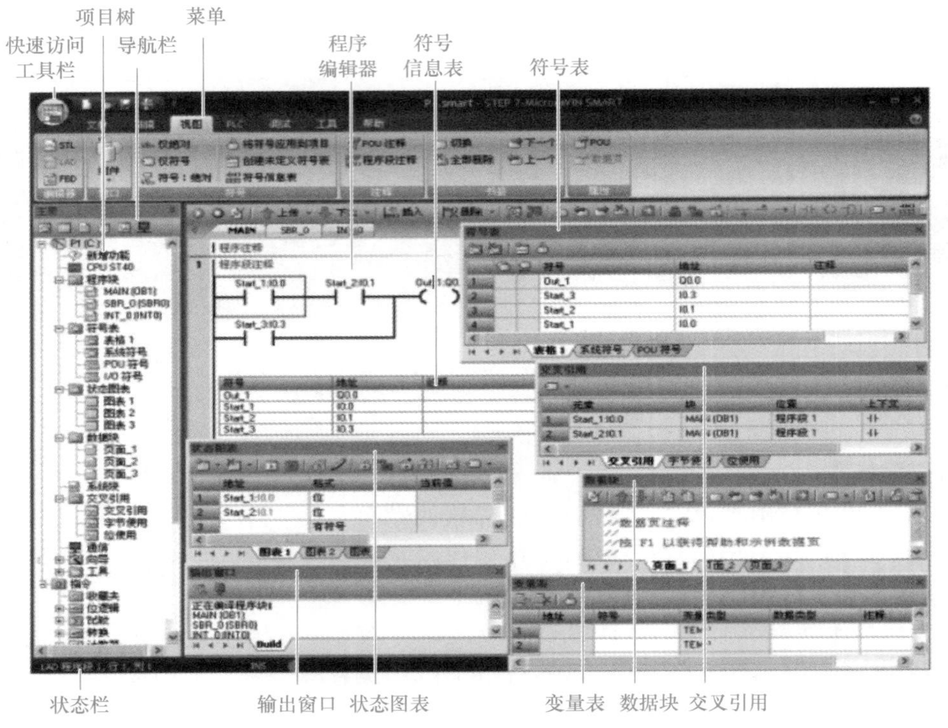

图 3-12　STEP 7-Micro/WIN SMART 用户界面

通过项目树可对项目进行组织，具体操作方法如下。

1）右击项目，设置项目密码或项目选项。

2）右击“程序块”（Program Block）文件夹，插入新的子程序和中断子程序。

3）单击打开“程序块”（Program Block）文件夹，然后右击 POU 可打开 POU、编辑其属性，设置密码对其进行保护或重命名。

4）右击“状态图表”（Status Chart）或“符号表”（Symbol Table）文件夹，插入新图或新表。

5）单击打开“状态图表”或“符号表”文件夹，在指令树中右击相应图标，或双击相应的 POU 标签对其执行打开、重命名或删除操作。

（3）导航栏

导航栏显示在项目树上方，可快速访问项目树上的对象。单击一个导航栏按钮相当于展开项目树并单击相应选择内容。导航栏具有几组图标，用于访问 STEP 7-Micro/WIN SMART 的不同编程功能。

（4）菜单

STEP 7-Micro/WIN SMART 显示每个菜单的菜单功能区。可通过右击菜单功能区并选择“最小化功能区”（Minimize the Ribbon）的方式最小化菜单功能区，以节省空间。

（5）程序编辑器

程序编辑器包含程序逻辑和变量表，用户可在该表中为临时程序变量分配符号名称。子程序和中断子程序以标签的形式显示在程序编辑器窗口顶部。单击这些标签可以在子程序、中断子程序和主程序之间切换。

STEP 7-Micro/WIN SMART 提供了以下三个用于编程语言。

1）梯形图（LAD）。

2）语句表（STL）。

3）功能块图（FBD）。

（6）符号信息表

要在程序编辑器窗口中查看或隐藏符号信息表，可以在“视图”菜单下的“符号”功能区单击“符号信息表”按钮。也可通过“Ctrl+T”组合键实现上述操作。

启用符号信息表显示后，打开的项目均显示程序段的符号信息，符号名、绝对地址、值、数据类型和注释按字母顺序显示在程序中每个程序段的下方。

（7）符号表

符号表是可为存储器地址或常量指定的符号名称。在符号表中定义的符号适用于全局。

（8）状态栏

状态栏位于主窗口底部，显示在 STEP 7-Micro/WIN SMART 中所执行操作的编辑模式或在线状态的相关信息。

（9）输出窗口

输出窗口显示最近编译的 POU 和在编译过程中出现的错误的清单。如果已打开程序编辑器窗口和输出窗口，可双击输出窗口中的错误信息使程序自动滚动到错误所在的程序段。

（10）状态图表

在状态图表中可以输入地址或已定义的符号名称，通过显示当前值来监视或修改程序输入、输出或变量的状态。通过状态图表还可强制或更改过程变量的值，可以创建多个状态图表，以查看程序不同部分中的元素。

（11）变量表

变量表可以定义两种变量：局部变量和全局变量。在 POU（程序组织单元）中定义的变量是局部变量，可用于传递至子程序的参数，并可用于增加子程序的移植性和重要性。全局变量只能定义在符号表中，在每个 POU 中均有效。

（12）数据块

数据块允许用户向 V 存储区的特定位置分配常数（数值或字符串）。用户可以对 V 存储区的字节（V 或 VB）、字（VW）或双字（VD）地址赋值。

（13）交叉引用

使用“交叉引用”窗口可查看程序中参数的当前赋值情况，可避免重复赋值。

2. 用户程序的元素

程序组织单元（POU）由可执行代码和注释组成。可执行代码由主程序和若干子程序或中断子程序组成。代码已编译并下载到 CPU 中，可以使用程序组织单元（主程序、子程序和中断子程序）来结构化用户程序。

1）用户程序主体包括控制应用的指令。CPU 将按顺序执行这些指令，每个扫描周期执行一次。

2）子程序是只有在调用时才执行的程序。当希望重复执行某种功能时，子程序是非常有用的。与其在主程序中每个需要使用该功能的位置多次写入相同的程序代码，不如将这段逻辑写在子程序中，然后根据需要在主程序中调用该子程序。子程序具有以下优点。

① 使用子程序可以减小程序的大小。

② 由于已将代码移出主程序，因而使用子程序可以缩短扫描时间。CPU 在每个扫描周期都会评估主程序中的代码，不管代码是否执行。而 CPU 仅在调用子程序时评估其代码，如果扫描时不调用子程序，CPU 则不会评估其代码。

③ 使用子程序创建的代码是可移植的。用户可以在一个子程序中完成一个独立的功能，然后将该子程序复制到其他程序中，无须进行重复工作。

3）中断子程序是程序的可选元素，发生特定中断事件时，中断子程序会进行响应。用户可以设计一个中断子程序来处理预先定义好的中断事件。当指定事件发生时，CPU 会执行该中断子程序。

中断子程序不会被主程序调用。只有当中断子程序与一个中断事件相关联，并且在该中断事件发生时，CPU 才会执行中断子程序中的指令。

4）其他块中包含 CPU 的信息。下载程序时，用户可以选择下载以下块。

① 系统块：系统块允许用户为 CPU 组态不同的硬件选项。

② 数据块：DB 存储程序使用不同变量的初始值（V 存储区）。

图 3-13 中给出了一段包含子程序和中断子程序的程序。此程序使用定时中断，每 100ms 读取一次模拟量输入值。

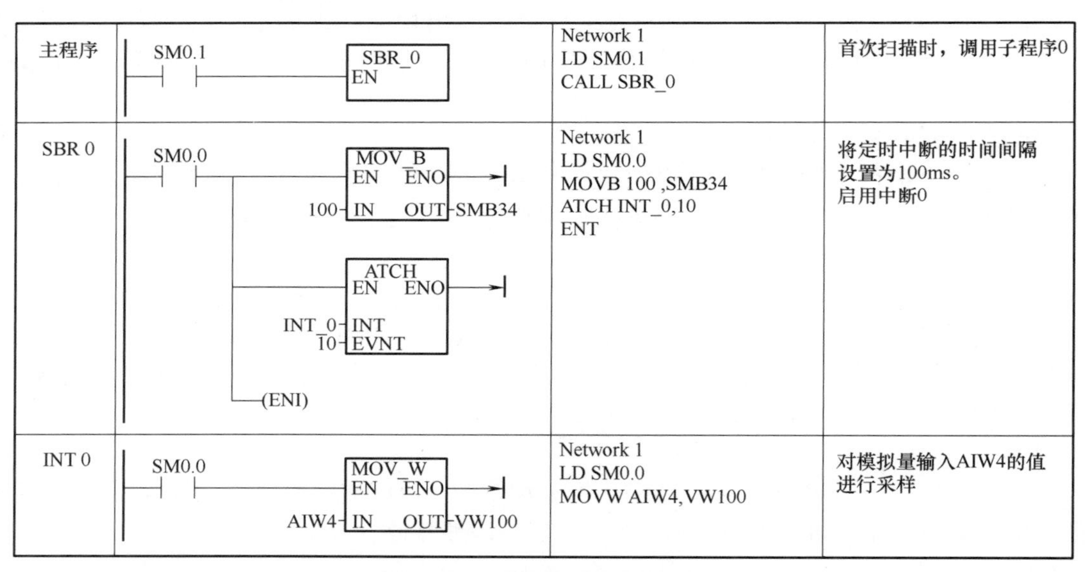

图 3-13　子程序和中断子程序

3. LAD 语言的特点

LAD 语言以图形的方式显示程序，与电气接线图类似，如图 3-14 所示。LAD 程序模仿继电器控制电路，来自电源的电流通过一系列的逻辑输入条件，进而决定是否启用逻辑输出。

LAD 程序包括已通电的左侧电源导轨。闭合触点允许能量通过它们流到下一元器件，而断开的触点则阻止能量的流动。LAD 程序分成不同的程序段。程序

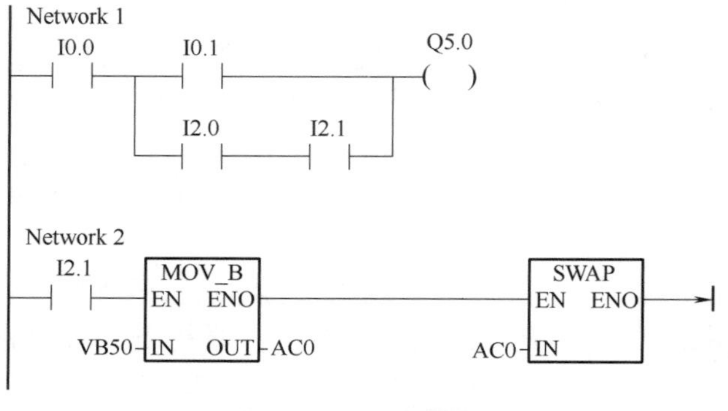

图 3-14　LAD 程序

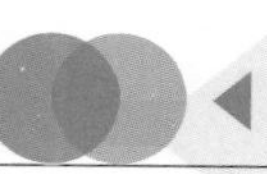

根据指示执行，每次执行一个程序段，顺序为从左至右，然后从顶部至底部。

各种指令通过图形符号表示，主要包括下列3种基本形式。

1）触点：表示逻辑输入条件，如开关、按钮或内部条件。

2）线圈：通常表示逻辑输出结果，如指示灯、电动机启动器、继电器或内部输出条件。

3）方框：表示其他指令，如定时器、计数器或数学指令。

4. 符号表

符号表是可为存储器地址或常量指定的符号名称。用户可为下列存储器类型创建符号名：I、Q、M、SM、AI、AQ、V、S、C、T、HC。在符号表中定义的符号适用于全局，已定义的符号可在程序的所有程序组织单元中使用。如果在变量表中指定变量名称，则该变量适用于局部范围，它仅适用于定义时所在的POU，此类符号被称为局部变量，与适用于全局范围的符号有所区别。符号可在创建程序逻辑之前或之后进行定义。

（1）打开符号表

要打开STEP 7-Micro/WIN SMART中的符号表，可使用以下3种方法。

1）单击导航栏中的“符号表”按钮。

2）在“视图”（View）菜单的“窗口”（Windows）区域中，从“组件”（Component）下拉列表中选择“符号表”命令。

3）在项目树中打开“符号表”文件夹，选择一个表名称，然后按下“Enter”或者双击表名称。

（2）系统符号表

还可在项目中使用系统符号表中的符号。预定义的系统符号表提供了对常用PLC特殊存储器地址的访问。

如果项目的系统符号表丢失，请按以下步骤插入。

1）在项目树中右击“符号表”。

2）从快捷菜单中选择“插入 > 系统符号表”命令。

（3）在符号表中分配符号

要将符号分配给地址或常数值，请按以下步骤操作：

1）打开符号表。

2）在“符号”列中输入符号名（如Inputl）。符号名可包含的最大字符数为23个单字节字符。

3）在“地址”列中输入地址或常数值（如VBO，123）。

4）也可以输入最长为79个字符的注释。

5. 变量表

通过变量表可定义对特定POU局部有效的变量。在以下情况下可使用局部变量。

1）需要创建不引用绝对地址或全局符号的可移植子程序。

2）需要使用临时变量（声明为TEMP的局部变量）进行计算，以便释放PLC存储器。

3）需要为子程序定义输入和输出。

局部变量可用作传递至子程序的参数，并可用于增加子程序的移植性或重新使用子程序。程序中的每个POU都有自身的变量表，并占L存储器的64B（如果用LAD或FBD中编程，则占60B）。借助局部变量表可对特定范围内的变量进行定义：局部变量仅在创建时所处的POU内部有效。相反，在每个POU中均有效的全局符号只能在符号表中定义。

在局部变量表中进行分配时，指定声明类型（TEMP、IN、IN_OUT或OUT）和数据类型，但不要指定存储器地址；程序编辑器自动在 L 存储区为所有局部变量分配存储位置。

变量表符号地址分配将符号名称与存储相关数据值的 L 存储区地址进行关联。局部变量表不支持对符号名称直接赋值的符号常数。

说明： PLC 不会将本地数据值初始化为零。用户必须在程序逻辑中初始化所用局部变量。

二、程序的编写与下载

1. 创建项目

新建项目或打开已有的项目。

2. 硬件组态

用系统块生成一个与实际硬件系统相同的系统，设置各模块和信号板的参数。硬件组态给出了 PLC 输入 / 输出点的地址，为设计用户程序打下了基础。

使用以下 4 种方法可查看和编辑系统块以设置 CPU 选项。

1）单击导航栏上的“系统块”（System Block）按钮。

2）在“视图”菜单功能区的“窗口”区域内，从“组件”下拉列表中选择“系统块”命令。

3）选择“系统块”节点，然后按 Enter 键，或双击项目树中的“系统块”节点。

4）双击 CPU SR40，如图 3-15 所示。

在 STEP 7-Micro/WIN SMART 中打开系统块后，将显示适用于 CPU 类型的组态选项。

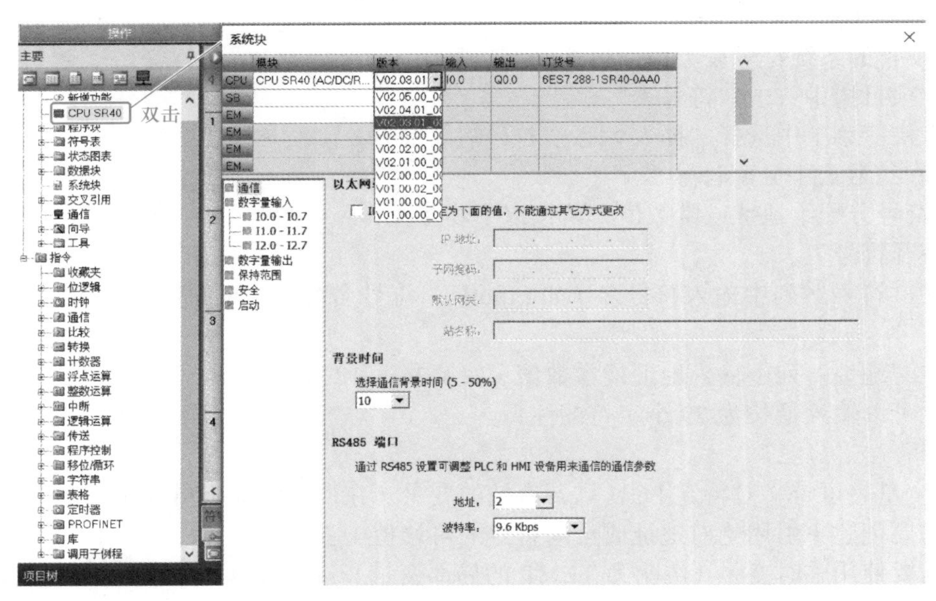

图 3-15　系统块组态

（1）硬件配置

“系统块”对话框的顶部显示已经组态的模块，并允许用户添加或删除模块。通过下拉列表可更改、添加或删除 CPU 型号、信号板和扩展模块。添加模块时，输入列和输出列显示已分配的输入地址和输出地址。

说明：同一型号不同版本的 CPU 板载 I/O 数量有可能不一样，要根据实际使用情况正确选用。

（2）模块选项

“系统块”对话框底部显示在顶部选择的模块选项。单击组态项目树中的任意节点均可修改所选模块的项目组态。

（3）通信组态

单击“系统块”对话框中的“通信”节点组态以太网端口、背景时间和 RS-485 端口。当“IP 地址数据固定为下面的值，不能通过其他方式更改”被勾选后，就不能用通信对话框和编程来修改 CPU 的 IP 地址了。通信组态对话框如图 3-16 所示。

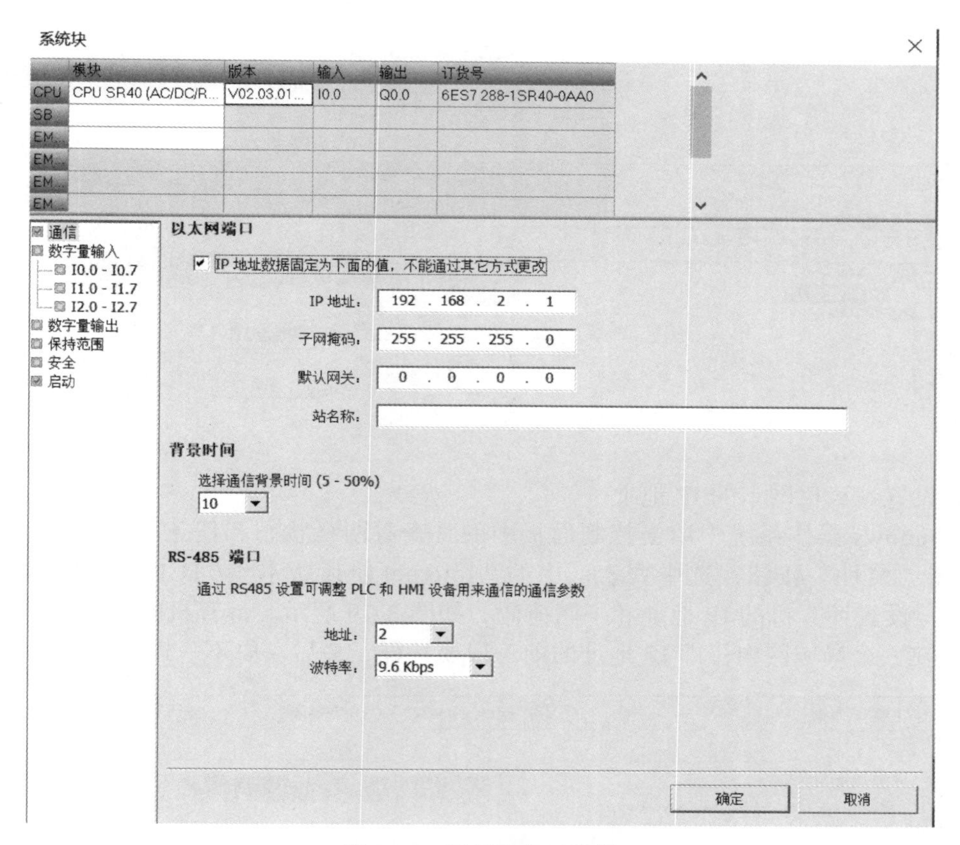

图 3-16　通信组态对话框

（4）组态启动选项

单击“系统块”对话框的“启动”节点组态 PLC 的启动选项，如图 3-17 所示。

CPU 模式有 3 种：STOP、RUN、LAST。默认是“STOP”，使用时要改成“RUN”。

（5）用通信对话框设置 CPU 的 IP 地址

在“通信”对话框中，通过“网络接口卡”下载列表设置使用的以太网网卡，单击“找到 CPU”按钮，显示出网络上所有可访问设备的 IP 地址。“闪烁指示灯”按钮用来确认谁是选中的 CPU。单击“编辑”按钮可对 CPU 的 IP 地址进行修改。“通信”对话框如图 3-18 所示。

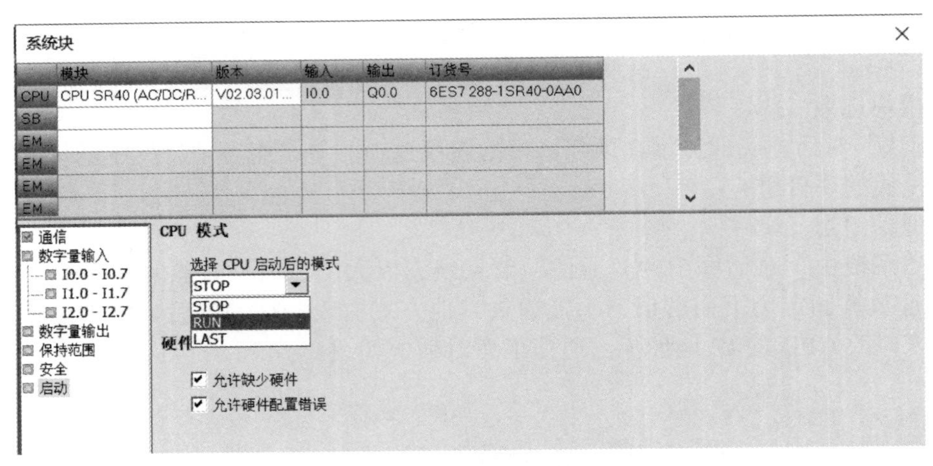

图 3-17　启动组态

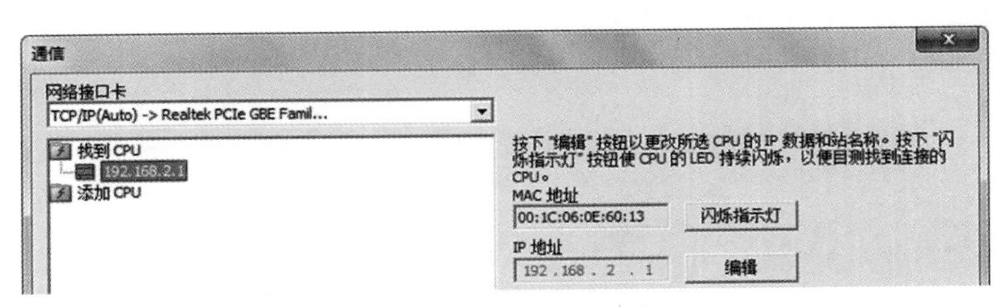

图 3-18　“通信”对话框

（6）设置计算机网卡的 IP 地址

在 Windows 操作系统中单击控制面板中的“查看网络状态和任务”，再单击“本地连接”，单击“属性”按钮，选中列表框中的“Internet 协议版本 4（TCP/IPv4）”，单击“属性”按钮，设置计算机的 IP 地址和子网掩码，如图 3-19 所示。计算机的 IP 地址和 PLC 的 IP 地址要在一个局域网内，即 IP 地址的前三段要一样，最后一段不一样。

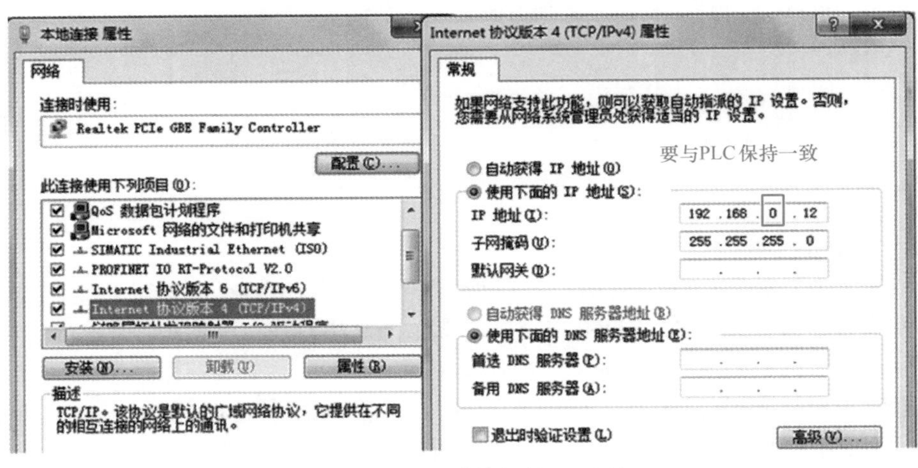

图 3-19　设置计算机的 IP 地址

说明：若计算机的 IP 地址设置不对，下载程序时往往会搜索不到 PLC。

3. 编写程序（以指示灯控制为例）

（1）分析并配置控制 I/O

系统有两个指示灯，分别是启动指示灯、报警指示灯，与之相关的控制按钮还有复位按钮、启动按钮、停止按钮和急停按钮，都和 PLC 的 I/O 有关，具体配置见表 3-13。

表 3-13 控制按钮和指示灯 I/O 配置

控制对象（输入 I）	分配 I/O	备注	控制对象（输出 Q）	分配 I/O	备注
BT 复位	I0.7	复位系统，清除所有输出，机器人复位	启动指示灯 GLED	Q0.3	系统启动运行后常亮
BT 启动	I1.0	启动系统，初始化设备	报警指示灯 RLED	Q0.4	系统停止或急停时亮
BT 停止	I1.1	停止系统，清除输出，暂停机器人运行，报警灯亮			
BT 急停	I1.2	停止系统，清除输出，停止机器人运行，报警灯亮			

此外，还需要4个M位变量用于和触摸屏HMI通信，输入等同于外部按钮控制的功能；再用一个字节变量 MB11 表示 PLC 的运行状态，见表 3-14。

表 3-14 M 位变量配置

变量名	地址	备注
HMI 复位	M10.0	从 HMI 控制系统复位，与复位按钮 I0.7 功能相同
HMI 启动	M10.1	从 HMI 控制系统启动，与启动按钮 I1.0 功能相同
HMI 停止	M10.2	从 HMI 控制系统停止，与停止按钮 I1.1 功能相同
HMI 急停	M10.3	从 HMI 控制系统急停，与急停按钮 I1.2 功能相同
运行状态	MB11	字节变量表示 PLC 的运行状态：1—运行；2—停止；3—急停；4—复位

（2）设置符号表

在符号表中定义的符号属于全局变量，可以在所有的 POU 中使用。单击导航栏或双击项目树的符号表图标，打开符号表。单击“I/O 符号”表，根据上边的 I/O 配置表写入对应的符号和注释。符号名称要简洁易认，见名知意，如图 3-20 所示。

STEP 7-Micro/WIN SMART 软件的符号（变量名）编辑并不算友好，因此应该这样做：

1）编程前最好先建立好符号表。

2）修改 I/O 以外的变量（如 M）时，可以在编辑器中程序段下方的符号信息表中双击要修改的符号，在弹出的“编辑符号”对话框中修改地址或注释，如图 3-21 所示。

3）修改 I/O 变量名，先改成仅绝对地址显示，再于符号表中修改，改成“符号：绝对”，以显示其变量名称和绝对地址。

（3）任务分析

完成西门子 S7-200 SMART PLC 程序的编写功能描述如下。

1）按下开始按钮，运行状态指示灯（绿灯）亮，设备自动运行。

2）按下停止按钮，运行状态指示灯（红灯）亮，设备结束当前运行的程序后停止运动。

图 3-20　编辑符号表

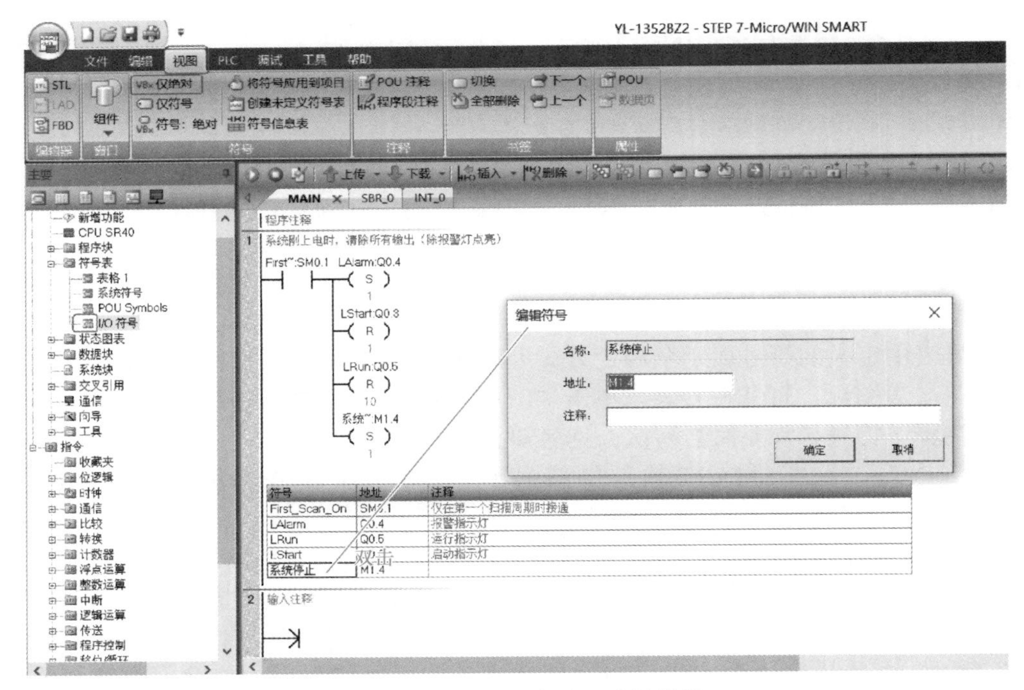

图 3-21　变量显示方式和编辑符号

3）按下急停开关，运行状态指示灯（红灯）持续闪烁，闪烁间隔为 1s，同时设备紧急停止。

4）急停后按下复位按钮，运行状态指示灯（红灯）停止闪烁，此时所有指示灯熄灭。

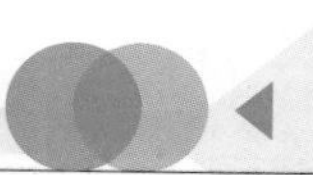

程序编写要求：

①程序简洁，逻辑无错误，所有语句需进行注释。

②使用的输入 / 输出需对应 I/O 分配表。

（4）编写程序如图 3-22 所示。

（5）程序下载调试

1）编译 PLC 程序，解决语法错误。

2）下载 PLC 程序并运行，按下启动、停止、急停、复位等按钮，观察两个 LED 灯的变化。

3）打开“程序状态”监视程序的执行情况（单击“调试”菜单，在展开的菜单功能区中单击“程序状态”图标）。

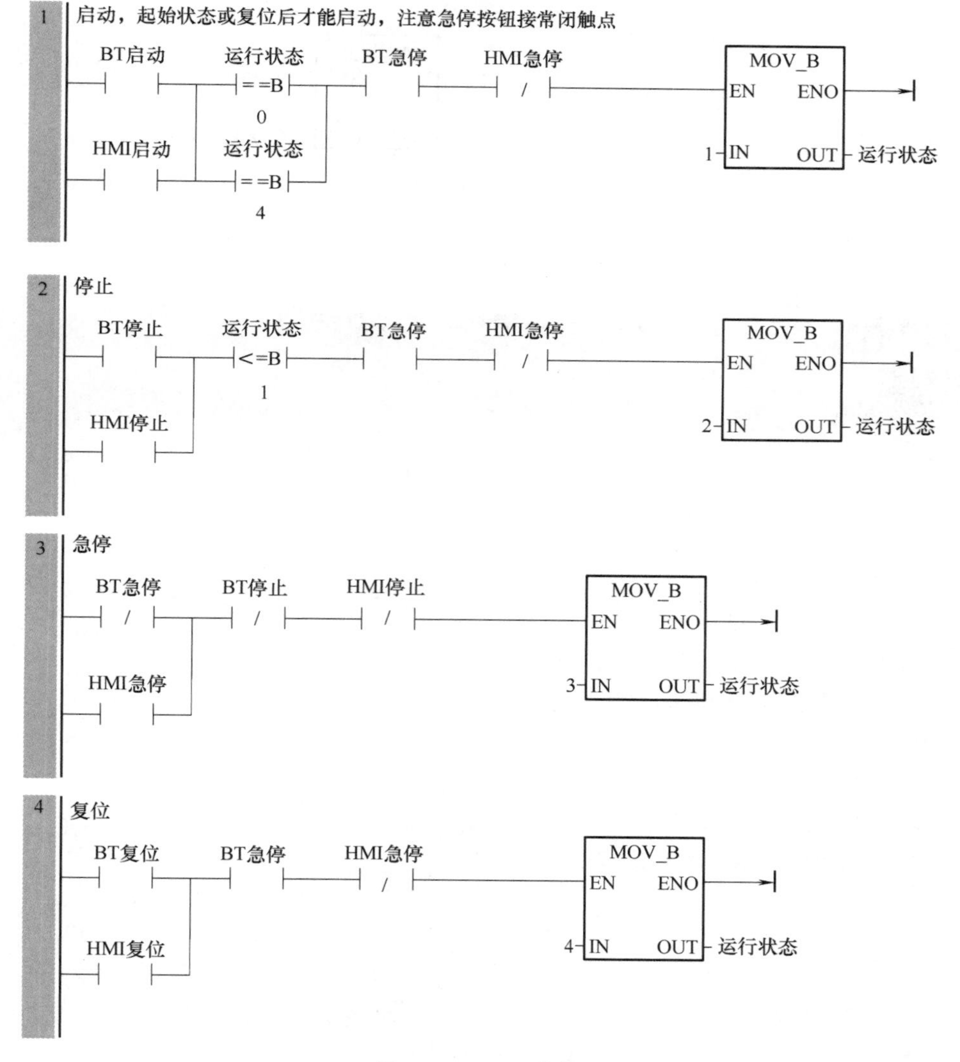

图 3-22　PLC 程序

图 3-22　PLC 程序（续）

任务 3　基于技能大赛的编程操作

任务目标

【知识目标】

1. 了解大赛任务要求。
2. 了解 PLC 控制要求。
3. 了解数据在设备之间传递的要求。

【能力目标】

1. 能够正确叙述大赛任务要求。
2. 能够规划 PLC 变量。
3. 能够编写 PLC 程序并下载调试。

任务描述

根据大赛任务书快速了解 PLC、触摸屏和工业机器人之间的控制要求，规划好三者之间数据传送，编写并调试满足要求的 PLC 程序。

相关知识

一、细读大赛任务书

1. 阅读任务书

阅读任务书，了解PLC、触摸屏、工业机器人之间的控制要求，任务书如下所示。

选手要完成竞赛设备的机械安装连接、电气安装调试、机器人程序编辑调试、PLC程序编辑调试、触摸屏程序编辑调试。

任务（一）PLC编程调试

完成西门子SMART S7-200 PLC程序的编写，实现如下功能：

1）按下开始按钮，运行状态指示灯（绿灯）亮，设备自动运行。

2）按下停止按钮，运行状态指示灯（红灯）亮，设备结束当前运行的程序后停止运动。

3）按下急停开关，运行状态指示灯（红灯）持续闪烁，闪烁间隔为1s，同时设备紧急停止。

4）急停后按下复位按钮，运行状态指示灯（红灯）停止闪烁，此时所有指示灯熄灭。

5）通过PLC程序控制电磁阀工作，当机器人输出DO5信号时，电磁阀工作，吸盘吸气。

要求：① 程序简洁，逻辑无错误，所有语句需进行注释。

② 使用的输入/输出需对应I/O分配表。

注意：输入/输出详见I/O分配表，完成任务后举手示意裁判。

任务（二）触摸屏编程调试

1）编辑指示灯及按钮程序，与按钮模块功能同步。

2）显示机器人当前运行模块。

要求：① 指示灯、按钮图形不限，在显示屏界面上排放整齐。

② 可与PLC进行通信。

注意：完成任务后举手示意裁判。

任务（三）机器人编程调试

1）坐标系标定及写字模块编程调试。

2）把有墨水的书写笔安装在机器人吸盘夹具圆孔中。

3）TCP轨迹模块上工具坐标辅助标定针上标定笔工具坐标系。

4）写字模块上标定机器人工件坐标系，使用机器人写字绘图功能写“智能”两字，并在“智能”两字右下方写出选手当前的分组及工位号，如选手为A组01工位，则文字为“智能A01”，单击开始绘制后，机器人在模块A4纸上写出相应文字。

要完成题目要求的任务，首先要了解PLC、触摸屏、工业机器人之间的关系。各部分的功能与控制关系如下。

（1）PLC

PLC是整个系统的核心，是人机之间协调的控制中枢。根据控制要求，PLC要完成外部输入按钮和触摸屏上控制按钮的控制要求，控制工业机器人的起动、停止等，并将工业机器人的运行状态反馈到触摸屏上进行显示。工业机器人还通过I/O口通知PLC对电磁阀进行控制以吸放物料。

（2）触摸屏

触摸屏即可作为人机交互的输入设备，相比于传统的实体按钮，提供了一种更优质的输入控制方式；同时它也是人机交互的输出设备，可以展示更多的系统信息、历史数据和故障信息。

（3）工业机器人

工业机器人是整个系统最忙碌的“工人”，能直接创造价值，可以在 PLC 的指挥下有条不紊地工作。它与PLC之间的交互最为密切，而这种交互往往是通过数据通信来完成的。当工业机器人与 PLC 之间的数据交换量较大时，往往要使用专用的工业通信协议来完成；较小的数据交互则可以直接采用 I/O 互连的方式直接控制。

只利用 I/O 互连进行通信时，可以通过 I/O 分组的方式来提高通信的数据量。如 PLC 的 3 个输出信号控制工业机器人的 3 个输入信号，如果单独使用，每个 I/O 只能实现一个控制要求，最多实现 3 个控制要求；但如果 3 个 I/O 信号分成一组的话，2^3=8，就有 8 种不同的组合，除去 000 这个组合外，还有 001、010、011、100、101、110、111 7 种组合，即最多可表示出 7 个控制要求。本任务将 PLC 控制工业机器人的 3 个信号组成一组，工业机器人反馈给 PLC 信息的 3 个信号组成一组，以扩展它们之间的控制功能。

根据 I/O 分配表和电路原理图，设备之间的连接关系见表 3-15。

表 3-15　I/O 分配表

PLC				工业机器人			
输入		输出		输入		输出	
I0.0	工业机器人 DO01	Q0.0	工业机器人 DI01	DI01	PLC 发来的控制信息	DO01	工业机器人反馈的状态信息
I0.1	工业机器人 DO02	Q0.1	工业机器人 DI02	DI02		DO02	
I0.2	工业机器人 DO03	Q0.2	工业机器人 DI03	DI03		DO03	
I0.3	工业机器人 DO04	Q0.3	启动指示灯	DI04		DO04	
I0.4	工业机器人 DO05	Q0.4	停止指示灯	DI05		DO05	电磁阀控制
I0.5	工业机器人 DO06	Q0.5	电磁阀 +24V	DI06		DO06	
I0.6	工业机器人 DO07	Q0.6		DI07		DO07	
I0.7	复位按钮	Q0.7		DI08		DO08	
I1.0	启动按钮	Q1.0		DI09		DO09	
I1.1	停止按钮	Q1.1		DI10		DO10	
I1.2	急停按钮	Q1.2		DI11		DO11	
I1.3		Q1.3		DI12		DO12	
I1.4		Q1.4		DI13		DO13	

2. 规划数据传递关系

根据控制要求规划设备之间的数据传递关系，如图 3-23 所示。

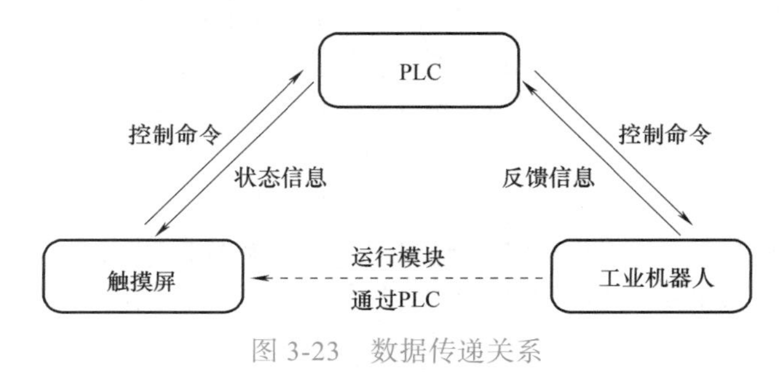

图 3-23　数据传递关系

二、编程调试

1. 符号表（图 3-24）

符号表

	符号	地址
1	HMI复位	M10.0
2	HMI急停	M10.3
3	HMI启动	M10.1
4	HMI停止	M10.2
5	PLC运行状态	MB11
6	机器人命令O	MB13
7	机器人模块	MB14
8	机器人状态I	MB12
9		

图 3-24　符号表

（1）MB11

PLC 运行状态，其含义见表 3-16。

表 3-16　PLC 运行状态

值	含义
0	系统初始状态或系统复位完成后的状态
1	系统启动，自动运行状态
2	系统暂停
3	系统急停
4	系统复位

（2）MB12

工业机器人运行状态反馈给 PLC，可以根据不同的控制要求重新定义其值对应的含义。其含义见表 3-17。

表 3-17　工业机器人运行状态

值	含义
0	工业机器人初始状态
1	工业机器人正在运行模块 1
2	工业机器人正在运行模块 2
3	工业机器人正在运行模块 3
4	工业机器人正在运行中
5	工业机器人运行结束
6	工业机器人在起始位置
7	工业机器人复位完成

（3）MB13

PLC 给工业机器人的命令，可以根据不同的控制要求重新定义其值对应的含义。其含义见表 3-18。

表 3-18　PLC 给工业机器人的命令

值	含义
0	PLC 未下指令
1	工业机器人自动运行
2	工业机器人暂停
3	工业机器人急停
4	工业机器人复位

（4）MB14

工业机器人正在运行的模块。其含义见表 3-19。

表 3-19　工业机器人正在运行的模块

值	含义
0	工业机器人未运行任务模块
1	工业机器人正在运行模块 1
2	工业机器人正在运行模块 2
3	工业机器人正在运行模块 3

其他符号表如图 3-25 和图 3-26 所示。

符号表

	符号	地址
1	GO1	I0.0
2	GO2	I0.1
3	GO3	I0.2
4	RDO4	I0.3
5	R控制电磁阀	I0.4
6	RDO6	I0.5
7	RDO7	I0.6
8	BT复位	I0.7
9	BT启动	I1.0
10	BT停止	I1.1
11	BT急停	I1.2

图 3-25　符号表 1

符号表

	符号	地址
26	GI2	Q0.1
27	GI3	Q0.2
28	GLED	Q0.3
29	RLED	Q0.4
30	电磁阀	Q0.5

图 3-26　符号表 2

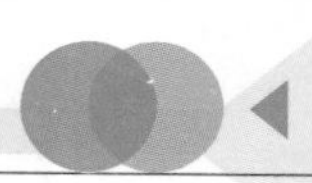

2. 程序（图 3-27）

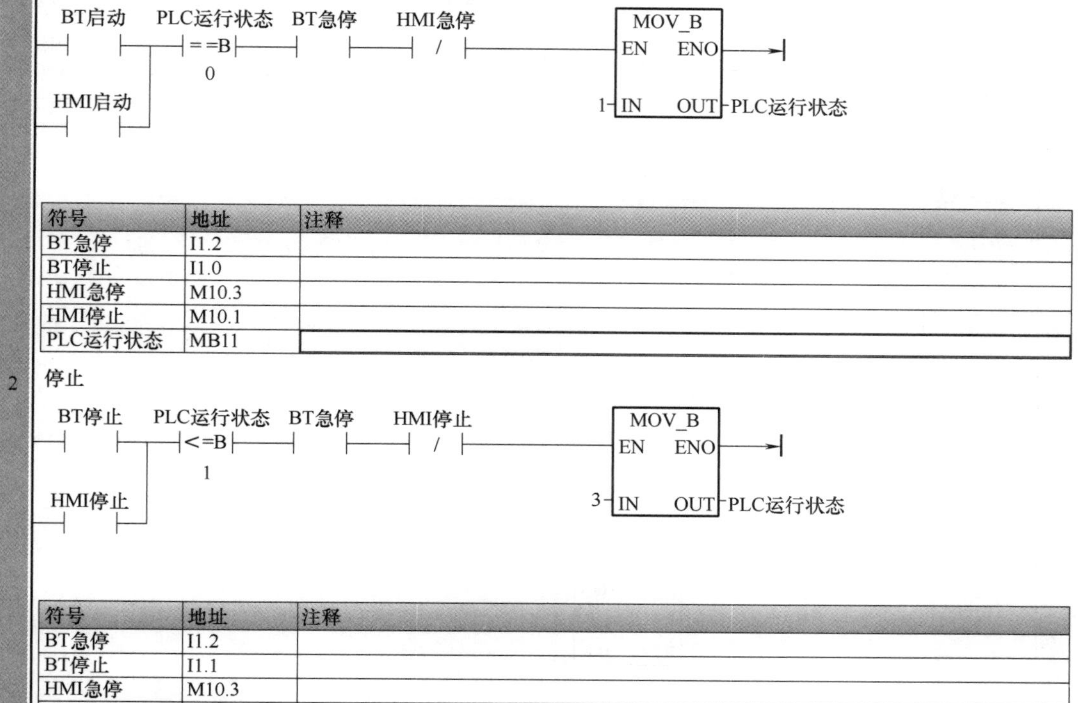

符号	地址	注释
BT急停	I1.2	
BT停止	I1.0	
HMI急停	M10.3	
HMI停止	M10.1	
PLC运行状态	MB11	

符号	地址	注释
BT急停	I1.2	
BT停止	I1.1	
HMI急停	M10.3	
HMI停止	M10.2	
PLC运行状态	MB11	

3 急停

BT急停 / BT停止 / HMI停止 / HMI急停 MOV_B EN ENO 3 IN OUT PLC运行状态

符号	地址	注释
BT急停	I1.2	
BT停止	I1.1	
HMI急停	M10.3	
HMI停止	M10.2	
PLC运行状态	MB11	

4 复位

BT复位 BT急停 HMI急停 / HMI复位 MOV_B EN ENO 4 IN OUT PLC运行状态

图 3-27　PLC 程序

符号	地址	注释
BT复位	I0.7	
BT急停	I1.2	
HMI复位	M10.0	
HMI急停	M10.3	
PLC运行状态	MB11	

5 LED

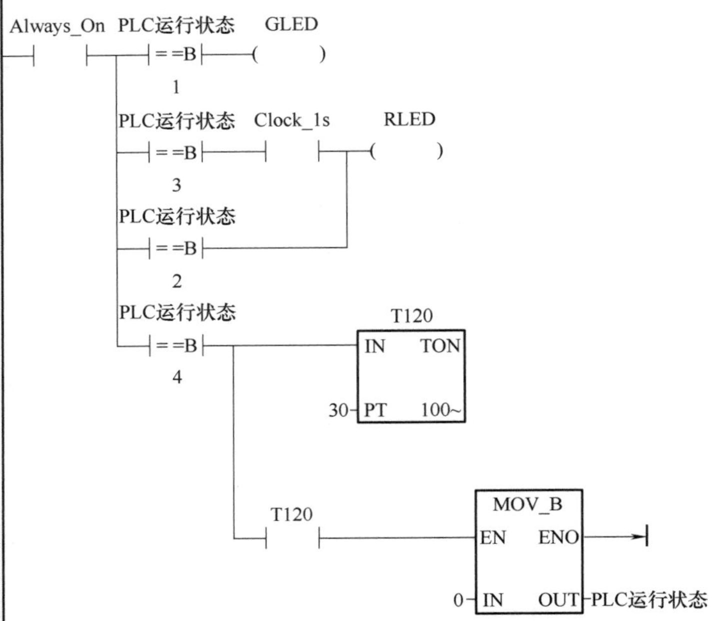

Always_On　PLC运行状态 ==B 1 → GLED
PLC运行状态 ==B 3，Clock_1s → RLED
PLC运行状态 ==B 2 → RLED
PLC运行状态 ==B 4 → T120 (IN TON, 30-PT 100~)
T120 → MOV_B (EN ENO, 0-IN OUT-PLC运行状态)

6 工业机器人状态反馈：1—运行模块1；2—运行模块2；3—运行模块3；4—运行中；5—运行结束；6—起始位置；7—复位完成PLC用3个输入I0.0、I0.1、I0.2组成一组(最多可以表示7个状态)

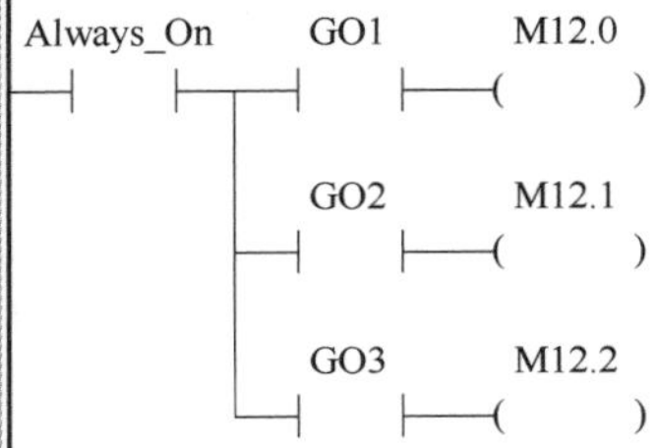

Always_On　GO1 → M12.0
GO2 → M12.1
GO3 → M12.2

符号	地址	注释
Always_On	SM0.0	始终接通
GO1	I0.0	
GO2	I0.1	
GO3	I0.2	

图 3-27　PLC

7 PLC运行状态刚好对应于给工业机器人的命令

Always_On
MOV_B
EN ENO
PLC运行状态 IN OUT 工业机器人命令O

符号	地址	注释
Always_On	SM0.0	始终接通
PLC运行状态	MB11	
机器人命令O	MB13	

8 给工业机器人的命令：1—自动运行；2—停止；3—急停；4—复位；
PLC用3个输出Q0.0、Q0.1、Q0.2组成一组(最多可以表示7个状态)

Always_On M13.0 GI1
M13.1 GI2
M13.2 GI3

符号	地址	注释
Always_On	SM0.0	始终接通
GI1	Q0.0	
GI2	Q0.1	
GI3	Q0.2	

9 工业机器人运行模块

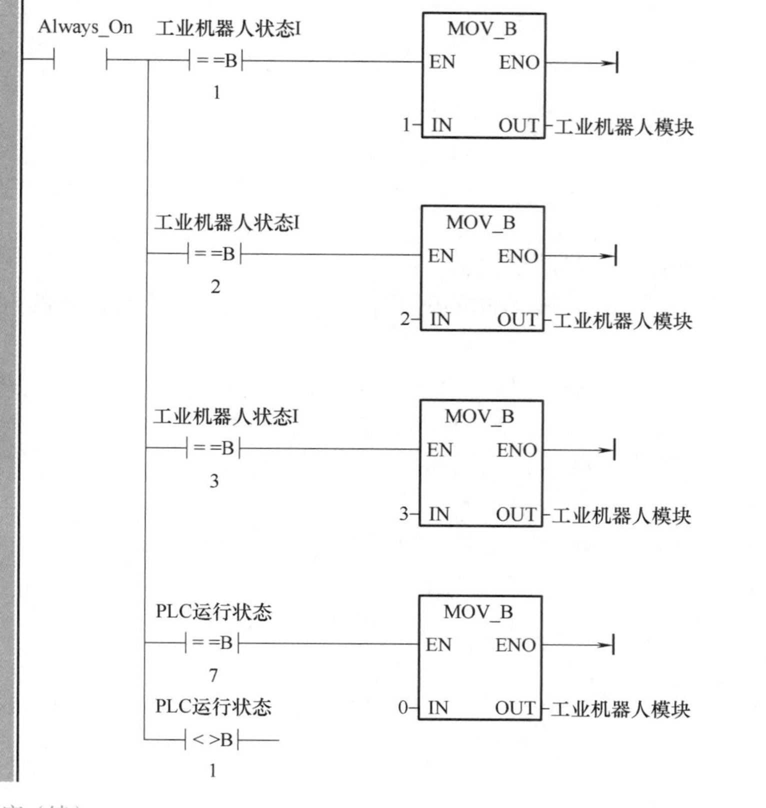

程序（续）

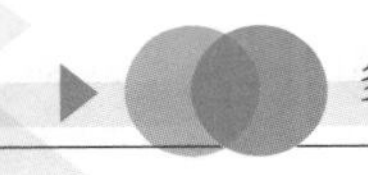

10 工业机器人控制电磁阀

R控制电磁阀　电磁阀

符号	地址	注释
R控制电磁阀	I0.4	
电磁阀	Q0.5	

图 3-27　PLC 程序（续）

项目评测

一、填空题

1. PLC 主要由____________、____________、输出模块和编程软件组成。

2. 继电器的线圈“断电”时，其常开触点____________，常闭触点____________。

3. 外部输入电路断开时，对应的过程映像输入寄存器为____________状态（0 或 1），梯形图中对应输入点的____________触点断开，____________触点接通。

4. 若梯形图中输出点 Q 的线圈“通电”，对应的过程映像输出寄存器为____________状态（0 或 1），在改写输出阶段后，继电器型输出模块中对应的硬件继电器的线圈通电，其常开触点____________，外部负载通电。

二、单选题

1. 有关 SM0.5 描述不正确的是（　　）。

A. 0.5s 的时钟脉冲

B. 1s 的时钟脉冲

C. 50% 的占空比

D. S7-200 SMART PLC 内部的特殊辅助继电器

2. S7-200 SMART PLC 的定时器有 3 种不同的时基，若使用 T41 设置 12min 的延时，下面正确的是（　　）。

A. 1ms 时基，PV=12　　B. 10ms 时基，PV=7200

C. 100ms 时基，PV=12　　D. 100ms 时基，PV=7200

3. 置位指令和复位指令最主要的特点是有记忆和（　　）功能。

A. 保持　　B. 断开　　C. 启动　　D. 停止

4. 在 S7-200 SMART PLC 的面板上看到 AC/DC/RLY 标识，其中 DC 表示（　　）。

A. 工作电源为直流 220V　　B. 工作电源为直流 24V

C. 输出端电源为直流 24V　　D. 输入端电源为直流 24V

5. 1010 转换成十进制数为（　　）。

A.1 0　　B. 11　　C. 12　　D. 13

三、简答题

1. 简述 S7-200 SMART PLC 的特点。

2. RAM 与 E^2PROM 各有什么特点?
3. 数字量输出有哪几种类型? 它们各有什么特点?
4. 简述 PLC 的扫描工作过程。

项目评价（表3-20）

表 3-20　项目评价

序号	内容	评分依据	自评分（20 分）	小组互评分（30 分）	教师课业评分（50 分）	总评分
1	任务 1　S7-200 SMART PLC 介绍	1）能够叙述 SIMATIC S7-200 SMART PLC 的产品特点 2）能够根据控制要求选用不同的 S7-200 SMART CPU 型号 3）能够描述紧凑型产品线和标准型产品线的不同 4）熟悉 S7-200 SMART CPU 的扩展模块 5）能够描述 PLC 的工作过程 6）能够按字节、字或双字访问存储器中的数据				
2	任务 2　S7-200 SMART PLC 程序的编写与下载	1）熟悉 STEP 7-Micro/WIN SMART 编程软件的使用 2）能正确编写梯形图程序 3）能正确设置 IP 地址并下载程序 4）能启动和停止 PLC 5）能在线监控 PLC 和观察程序执行结果 6）能监控程序变量				
3	任务 3　基于技能大赛的编程操作	1）能根据任务书快速明确控制要求 2）能够合理制定 I/O 分配表 3）能描述系统设备之间的数据传递关系 4）能利用位分组提高 I/O 通信的数据量 5）能编程和调试满足任务书要求的 PLC 程序				

项目 4

亚龙 YL-12B 型工业机器人基础实训设备的触摸屏编程与调试

本项目介绍西门子 SIMATIC 精彩系列面板及其编程软件 WinCC flexible SMART 的使用。通过对本项目的学习，使学生初步掌握西门子 SIMATIC 精彩系列面板的特点、安装和连接方法，以及 WinCC flexible SMART 软件的使用方法。

任务 1 西门子 SIMATIC 精彩系列面板及编程软件介绍

任务目标

【知识目标】

1. 了解西门子 SIMATIC 精彩系列面板的分类。
2. 掌握西门子 SIMATIC 精彩系列面板的安装连接方法。
3. 掌握 WinCC flexible SMART 的基本使用方法。

【能力目标】

1. 能够正确选用西门子 SIMATIC 精彩系列面板。
2. 能够正确安装连接西门子 SIMATIC 精彩系列面板。
3. 能够创建 WinCC flexible SMART 项目。

任务描述

正确安装 SMART LINE 700IE 设备，并利用 WinCC flexible SMART 软件创建项目。

西门子 SIMATIC 精彩系列面板（SMART LINE）如图 4-1 所示，该面板提供了人机界面的标准功能，经济适用，性价比高，与 S7-200 SMART PLC 连接可组成完美的自动化控制与人机交互平台。

可视化是大多数机器标准功能的一部分，具有基本功能的 HMI 设备就可以完全满足简单应用的需要。SIMATIC HMI 设备主要有较早的 Smart 700、Smart 1000、Smart 700 IE、Smart 1000 IE 和最新的 Smart 700 IE V3、Smart 1000 IE V3，这些设备都可以用最新的 WinCC flexible SMART 软件进行编程。

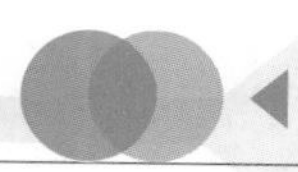

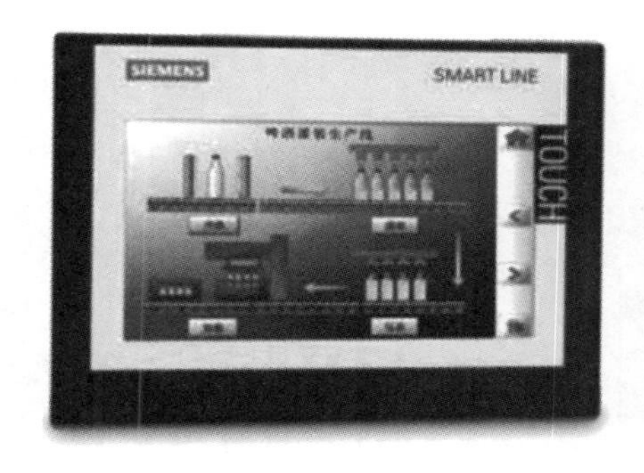

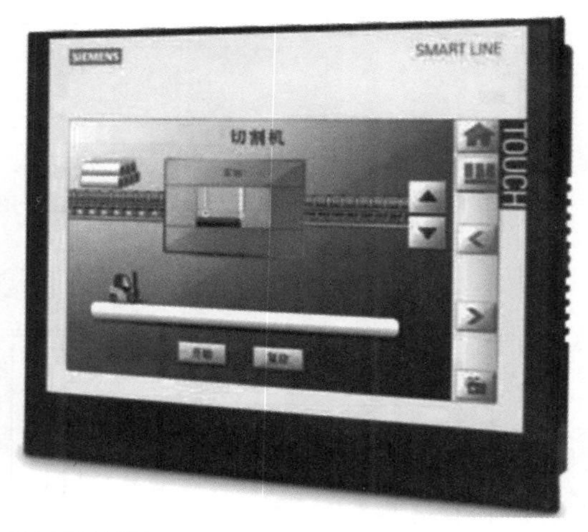

图 4-1　西门子触摸屏

相关知识

一、西门子 SIMATIC 精彩系列面板（SMART LINE）的产品特点

SIMATIC 精彩系列面板主要有以下特点。

1）宽屏：7in、10in 两种尺寸，支持横向和竖向安装。

2）高分辨力：800×480（7in），1024×600（10in），64K 色，LED 背光（注：1in=2.54cm）。

3）集成以太网口可与 S7-200 SMART 系列 PLC 以及 LOGO！进行通信（最多可连接 4 台）。

4）隔离串口（RS-422/RS-485 自适应切换），可连接西门子、三菱、施耐德、欧姆龙以及台达部分系列 PLC。

5）支持 ModBus RTU 协议。

6）支持硬件实时时钟功能。

7）集成 USB 2.0 host 接口，可连接鼠标、键盘、Hub 以及 USB 存储器。

8）支持数据和报警记录归档功能。

9）强大的配方管理，趋势显示，报警功能。

二、安装与连接

Smart 700 IE 的尺寸如图 4-2 所示。

1. 正确的安装位置

正确的安装位置如图 4-3 所示。

说明：Smart 面板装有自行通风装置。允许将 Smart 面板垂直或者倾斜安装在安装机柜、控制机柜、配电盘及控制台内。

2. 检查间隙

HMI 设备周围需要留出一定的间隙以确保其能自行通风，如图 4-4 所示。

3. 安装开孔的尺寸

安装开孔尺寸如图 4-5 所示。

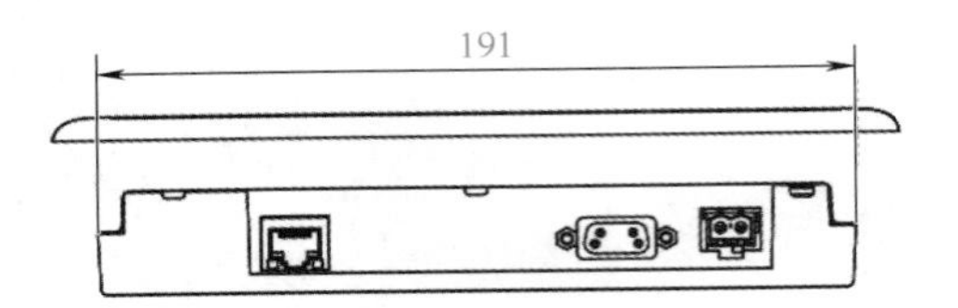

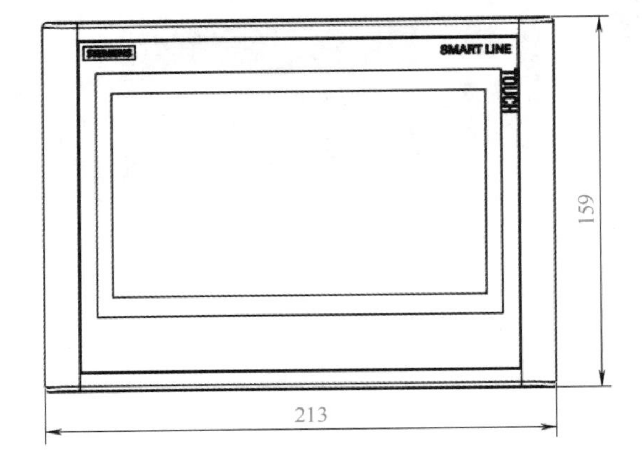

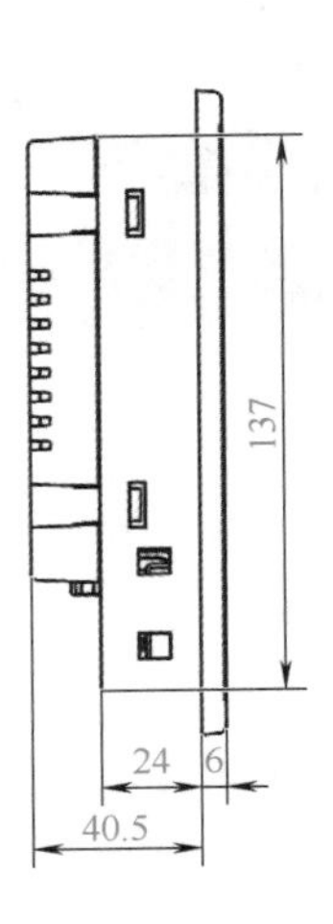

图 4-2　Smart 700 IE 尺寸图

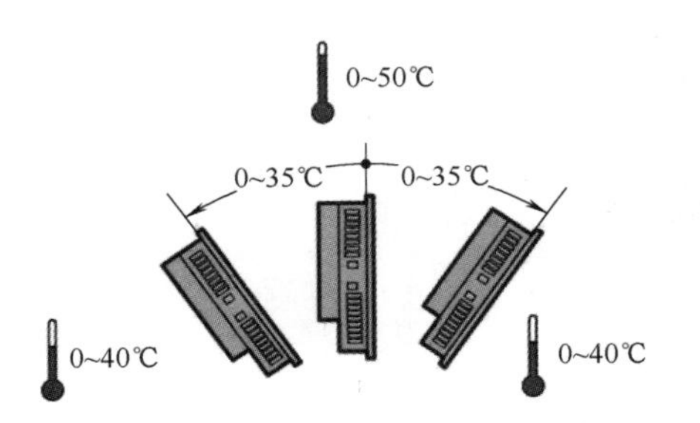

图 4-3　正确安装位置

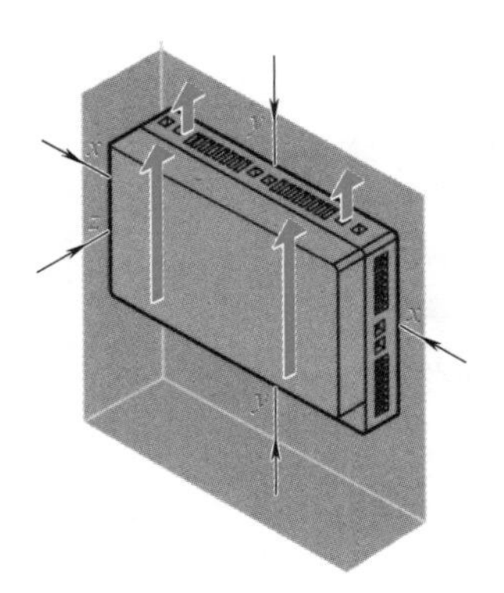

HMI设备周围所需要的间隙
(所有尺寸单位均为mm):

	X	Y	Z
Smart 700 IE	15	40	10
Smart 1000 IE	15	50	10

图 4-4　检查间隙

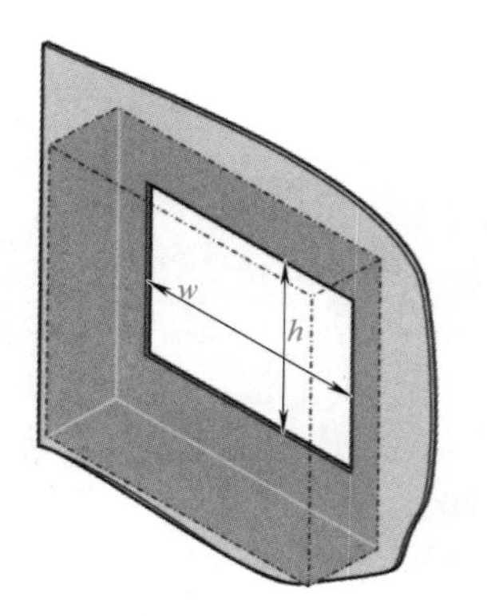

垂直安装Smart面板时的安装开孔尺寸（所有尺寸单位均为mm）：

	w^{+1}_{0}	h^{+1}_{0}
Smart 700 IE	192	138
Smart 1000 IE	259	201

图 4-5　安装开孔尺寸

4. 连接 HMI 设备

连接 HMI 设备的方法如图 4-6 所示。连接步骤如下。

1）连接接地导线。

2）连接两芯屏蔽电缆（用于接 SIMATIC PLC）或者多芯屏蔽电缆（用于接第三方非西门子生产的 PLC）。

3）连接工业以太网电缆。

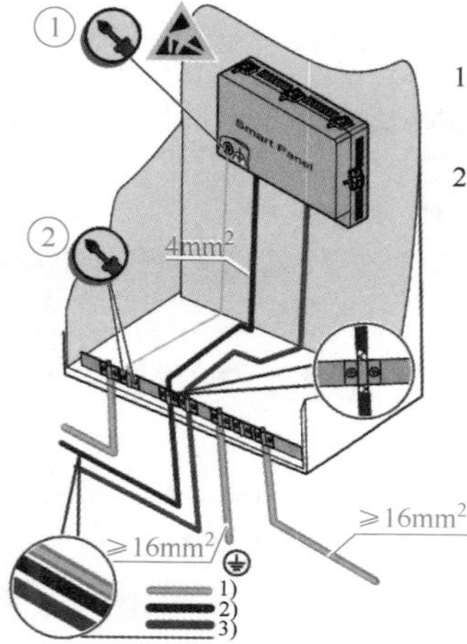

图 4-6　连接 HMI 设备

5. 连接电源

连接电源的方法如图 4-7 所示，使用最大横截面积为 1.5mm² 的电源电缆连接，具体步骤如下。

1）将两根电源电缆线剥去外皮，剥除长度为 6mm。

2）将电缆轴套套在已剥去外皮的电缆端。

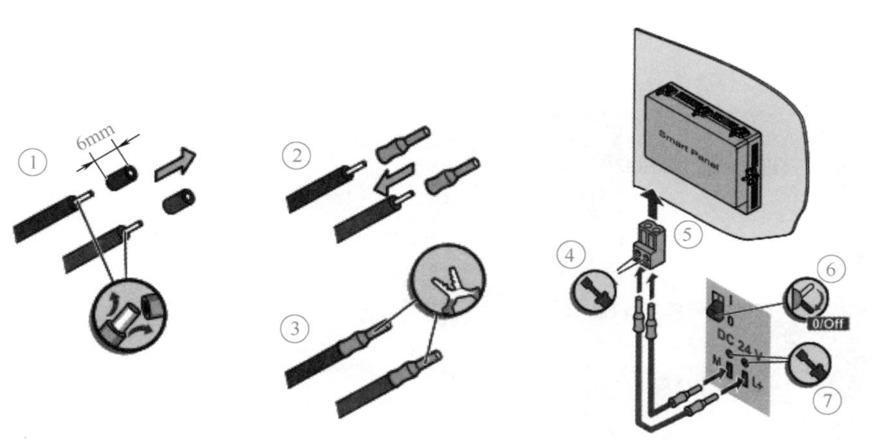

图 4-7　连接电源

3）使用卡簧钳将电缆轴套卡紧。

4）将这两根电源电缆的一端插入电源连接器中，并使用一字螺钉旋具加以固定。

5）将 HMI 设备连接到电源连接器上。

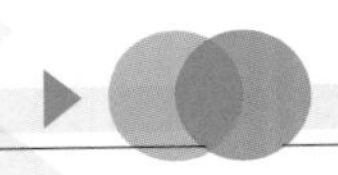

6）关闭电源。

7）将两根电源电缆的另一端插入电源端子中，并使用一字螺钉旋具加以固定，请确保极性连接正确。

6. 连接组态 PC

连接组态 PC 如图 4-8 所示，具体步骤如下。

1）关闭 HMI 设备。

2）将 PC/PPI 电缆的 RS-485/RS-422 连接器与 HMI 设备连接。

3）将 PC/PPI 电缆的 RS-232 接头与组态连接。

注： 工业以太网电缆支持热插拔，因此在插拔电缆时无需将 HMI 设备关闭。用户也可以使用附件中的 USB/PPI 电缆代替 PC/PPI 电缆。

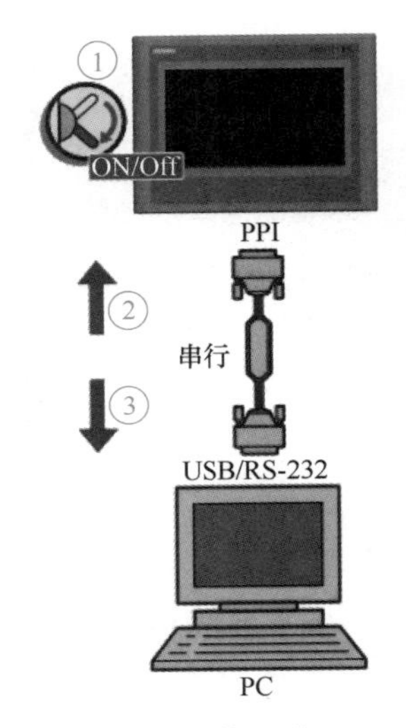

图 4-8 连接组态 PC

三、WinCC flexible SMART

WinCC flexible SMART 软件打开后如图 4-9 所示。

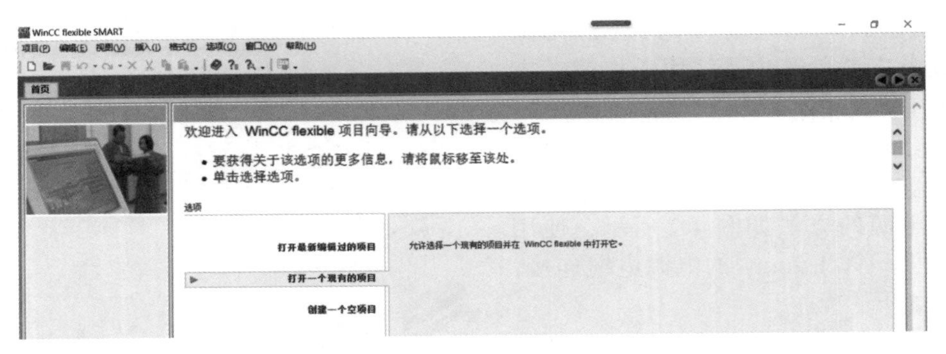

图 4-9 WinCC flexible SMART

WinCC flexible SMART V3 SP2 可以安装在 Windows 7 和 Windows 10 操作系统上，可对西门子 SMART LINE 系列的 7in、10in 屏进行组态编程。可组态编程的设备如图 4-10 所示。

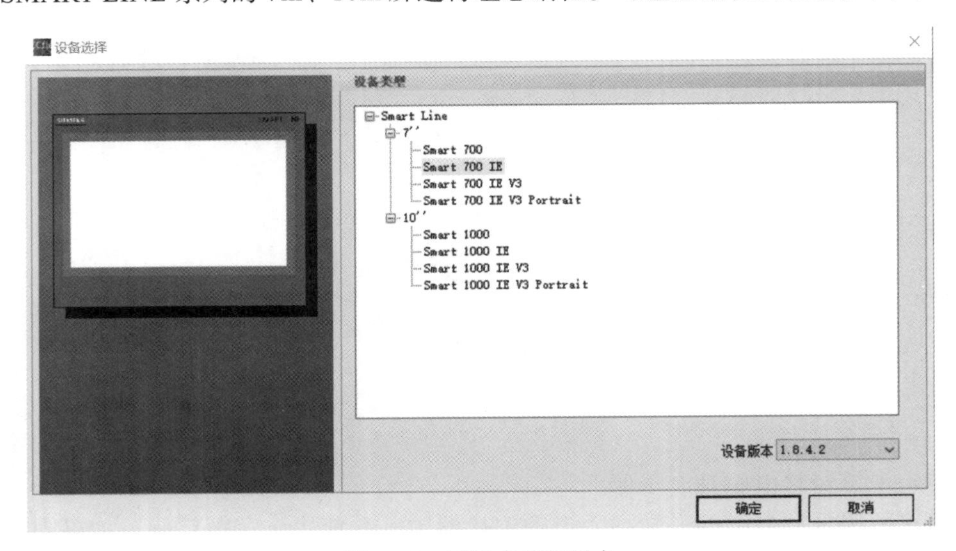

图 4-10 可组态编程设备

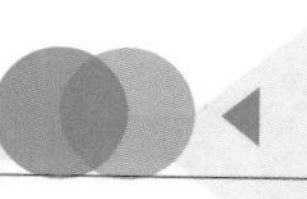

任务 2 创建项目与组态

任务目标

【知识目标】

1. 了解 WinCC flexible SMART 组态编程软件的界面。
2. 掌握 WinCC flexible SMART 的项目视图和属性视图。
3. 掌握 WinCC flexible SMART 画面的创建方法。

【能力目标】

1. 能够创建 WinCC flexible SMART 项目。
2. 能够创建 WinCC flexible SMART 画面。
3. 能够创建 WinCC flexible SMART 变量。

任务描述

西门子精彩系列触摸屏采用 WinCC flexible SMART 软件进行组态和编程。本任务主要介绍 WinCC flexible SMART 软件的基本使用方法，包括软件界面认识、创建画面、创建对象、使用变量等。

相关知识

一、WinCC flexible SMART 组态编程软件

1. 组态编程软件的界面

WinCC flexible SMART 用户界面如图 4-11 所示。请注意，每个编辑窗口均可按用户所选择的方式停放或浮动以及排列在屏幕上。用户可单独显示每个窗口，也可合并多个窗口再从单独的标签访问各窗口。

2. 项目视图

项目视图如图 4-12 所示，主要用于创建和打开要编辑的对象。它包含较重要命令的快捷菜单、可用于项目视图中的所有元素。可以通过在项目视图中双击相应的条目打开编辑器。

项目视图是项目编辑的中心控制点。项目视图显示了项目的所有组件和编辑器，并且可用于打开这些组件和编辑器。每个编辑器均分配有一个符号，该符号可用来标识相应的对象。在项目视图中，还可以访问 HMI 设备的设备设置、语言设置和输出视图。

3. 属性视图

属性视图如图 4-13 所示，主要用于编辑从工作区中选择的对象的属性。属性视图的内容基于所选择的对象。属性视图仅在特定编辑器中可用。

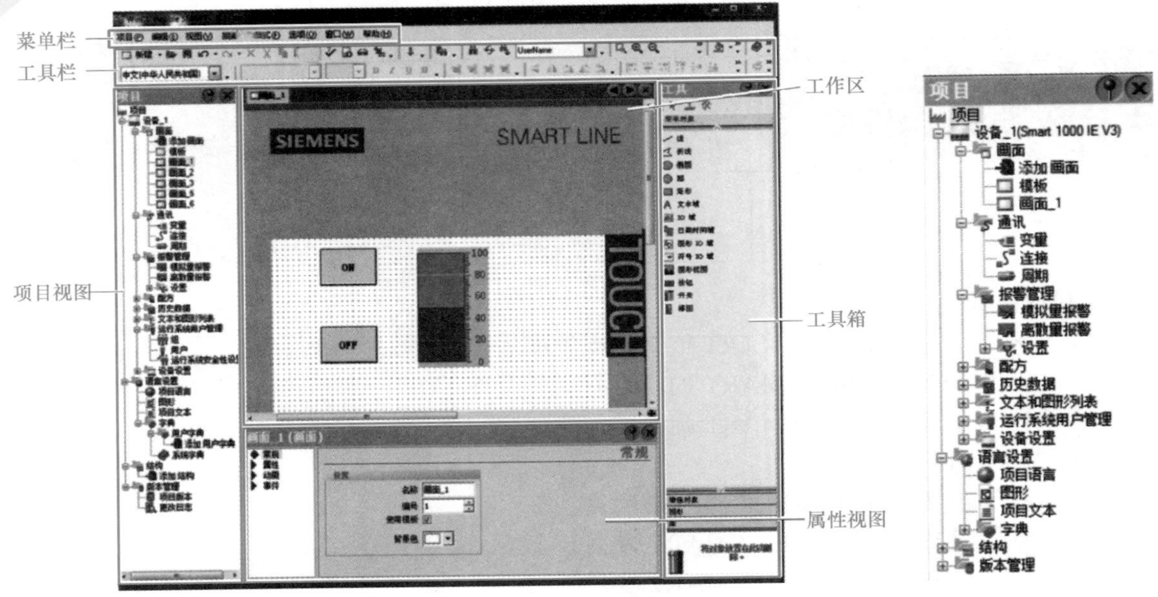

图 4-11　WinCC flexible SMART 用户界面

图 4-12　项目视图

图 4-13　属性视图

说明：属性视图显示选定对象的属性，并按类别组织。更改后的值会在退出输入字段后直接生效。无效输入将以彩色背景突出显示。系统将显示工具提示，帮您修正输入。

二、创建画面

1. 画面基础知识

在 WinCC flexible SMART 中可以创建画面，以便操作员控制机器设备和监视工厂。创建画面时，可使用预定义的对象实现过程可视化和过程值设置。

（1）画面设计

将要用来表示过程的对象插入到画面，对该对象进行组态，使之符合过程要求。

画面可以包含静态要素和动态元素。静态元素（如文本）在运行时其状态不改变，动态元素根据过程改变状态。可以用棒图形式显示从 PLC 的存储器或 HMI 设备输出的当前过程值。操作员输入框也属于动态元素类别。

PLC 与操作员站通过变量交换过程值，操作员通过变量输入数据。

（2）画面属性

画面布局与 HMI 设备用户界面的布局一致，画面分辨率和可用的字体等属性取决于所选的 HMI。

2. “画面”编辑器

（1）添加或打开画面　在项目视图的“画面”组中双击“添加画面”，如图 4-14 所示，在工作区域中将打开一个新画面。

（2）规划画面

要创建画面，需要执行下列初始步骤。

1）规划过程画面的结构：需要多少画面和哪些树结构？

2）示例：过程分区在单独画面中可见，并可在主画面中合并。

3）规划各个画面之间的导航过程。

4）调整模板。如图 4-15 所示，单击“选项”菜单，选择“设置”命令，在弹出的“设置”对话框中，单击“画面编辑器”下的“画面选项”，在图 4-15 所示界面右侧的设置栏中勾选或取消勾选“显示画面模板”项，以实现模板对象显示与否。

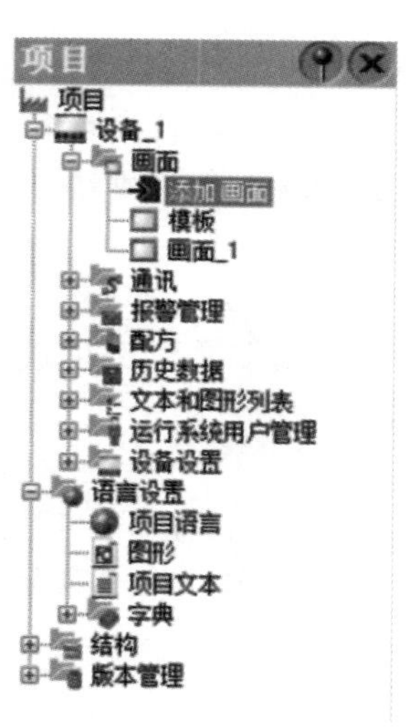

图 4-14　添加画面

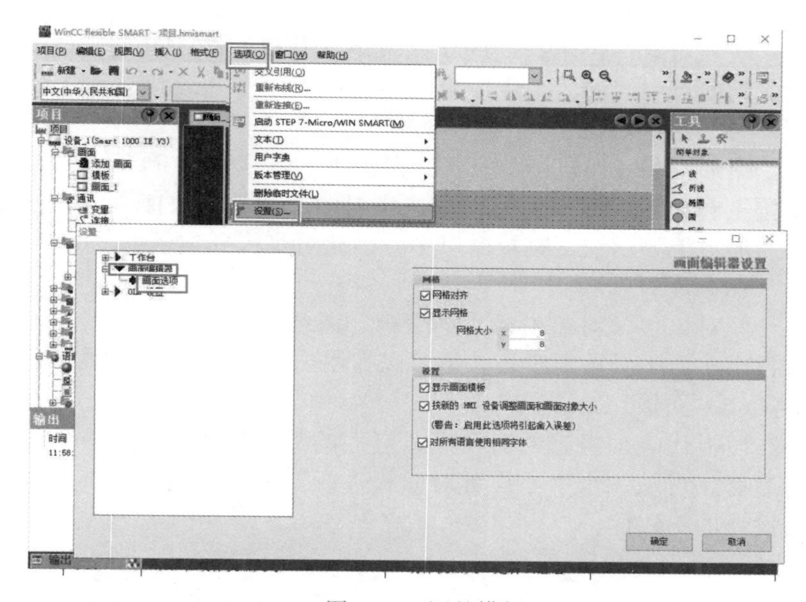

图 4-15　调整模板

5）创建画面。

（3）管理画面

1）复制画面。可以复制 WinCC flexible SMART 中的画面，方法如下。

① 从快捷菜单中选择“复制”命令，将画面复制到剪贴板。

② 在项目视图中选择“画面”并打开快捷菜单，从快捷菜单中选择“粘贴”来粘贴画面。

③ 以相同名称和递增顺序编号插入画面的副本。也可以选择按下 <Ctrl> 键同时将画面拖至所需位置。

2）重命名画面。可以重命名 WinCC flexible SMART 中的画面，方法如下。

① 从项目视图中选择“画面”。

② 从快捷菜单中选择“重命名”。

③ 输入新名称。

④ 按下 <Enter> 键。

3）删除画面。可以删除 WinCC flexible SMART 中的画面，方法如下。

① 从项目视图中选择“画面”。

② 从快捷菜单中选择“删除”命令。

③ 从当前项目删除画面及其所有对象。

三、创建对象

1. 对象概述

对象是用于设计项目过程图形的图形元素。“工具箱”包含过程画面中需要经常使用的各类对象。打开“画面”编辑器时，工具箱将在对象组中提供下列对象。

（1）简单对象

简单对象是指文本字段这类图形对象以及 I/O 字段这类标准操作元素。

（2）增强对象

增强对象提供了扩展的功能范围。其目的之一就是实现动态显示过程，例如，将棒图集成到项目中，如“用户视图”。

（3）图形对象

图形对象（如机器和工厂组件、测量设备、控制元素、旗帜和建筑物）在目录树结构中按主题显示。用户也可以创建指向图形文件的快捷方式。该文件夹和嵌套文件夹中的外部图形对象显示在工具箱窗口中，因此可集成到项目中。

（4）库对象

库对象包含对象模板，如管道、泵或默认按钮的图形。可将库对象的多个实例集成到项目中，而不必重新组态。也可以在用户库中存储用户自定义的对象和面板。

（5）面板

面板代表预组态的对象组。它们的某些属性（但并非全部属性）可在相关应用位置进行组态，可从一个中心位置对面板进行编辑。使用面板有助于减少组态工作量并可确保项目设计的一致性。

2. 插入对象

在画面编辑器中，可以通过简单的鼠标操作将“工具箱”的任意对象添加到画面中。既可以保持插入对象的默认尺寸，也可以自定义对象的尺寸。

工具箱对象默认尺寸的访问与 Windows 的用户登录名相关联。

（1）使用默认尺寸插入对象

1）从“工具箱”中选择想要插入的图像对象。

2）将光标移到工作区时，它将变成带有附加对象图标的十字光标。

3）单击想要插入对象的画面位置。

4）对象以其默认尺寸插入该位置，光标再次变成箭头状。

之后始终可以通过拖动矩形的选择标记来调整对象的尺寸，还可以在属性视图中定义更多对象属性。

（2）插入对象并同时选择其尺寸

1）从“工具箱”中选择想要插入的图像对象。

2）将光标移到想要插入对象的画面位置。

3）鼠标指针变成附带对象图标的十字光标。

4）按下鼠标左键并将对象拖曳至所需要的尺寸。

5）释放鼠标左键，将具有所需大小的对象粘贴到选定位置。鼠标指针再次变成箭头状。

之后始终可以通过拖动矩形的选择标记来调整对象的尺寸，还可以在属性视图中定义更多对象属性。

说明： 使用图章功能可插入更多相同类型的对象，使用该功能无须反复从“工具箱”中选择想要插入的对象。

四、使用变量

1. 外部变量

外部变量可用来实现自动化过程的组件之间（如 HMI 设备与 PLC 之间）通信（数据交换）。外部变量是 PLC 中所定义的存储位置的映像。无论是 HMI 设备还是 PLC，都可对该存储位置进行读写访问。由于外部变量是在 PLC 中定义的存储位置的映像，因而它能使用的数据类型取决于与 HMI 设备相连的 PLC。

除了外部变量，区域指针“日期 / 时间 PLC”也可用于 HMI 设备和 PLC 之间的通信，该区域指针用于显示 HMI 设备上 PLC 的时间。

（1）寻址

如果在 WinCC flexible SMART 中创建一个外部变量，必须为其指定与 PLC 程序中相同的地址。这样，HMI 设备和 PLC 可以访问同一存储单元。

示例：要在 HMI 上的 PLC 输出“A 1.2”的显示状态，可创建一个外部变量并将 PLC 输出“A 1.2”设置为地址。

（2）采集周期

采集周期确定 HMI 设备将在何时读取外部变量的过程值。通常，只要变量显示在过程画面中，数值就将定期进行更新。定期更新的时间间隔由采集周期进行设置。既可以采用默认采集周期，也可以设置一个用户自定义周期。SIMATIC S7-200 SMART PLC 的最短采集周期为 100 ms。

但是，也可以独立于过程映像中读取的值连续执行更新。请注意，频繁的读操作将导致通信负载的增加。

（3）采集模式

必须将 PLC 对外部变量所做的全部更改传送至 HMI。采集模式是在 HMI 上更新外部值的方法。通过使用“持续更新”功能，该值可在采集周期内更新，或在请求时更新。

2. 内部变量

内部变量存储在 HMI 设备的内存中，因此，只有这台 HMI 设备能够对内部变量进行读写访问。例如，可以创建内部变量用于执行本地计算。

下列数据类型可用于内部变量：Char、Byte、Int、Uint、Long、Ulong、Float、Double、Bool、String、DateTime。

3.“变量”编辑器

在“变量”编辑器中可创建变量。创建变量时，将为变量分配基本组态，可以使用“变量”编辑器调整变量组态以满足项目要求。

（1）打开

通过选择项目视图中的“变量”条目打开“变量”编辑器，然后右击打开快捷菜单。选择此快捷菜单命令：打开编辑器或添加变量。

还可以通过双击项目视图中的“变量”条目打开“变量”编辑器。

（2）结构

“变量”编辑器可显示所有项目变量，如图 4-16 所示。

名称	连接	数据类型	地址	数组计数	采集周期	注释	数据记录	记录采集模...	记录周期
变量_2	<内部变量>	Int	<没有地址>	1	1 s		<未定义>	循环连续	<未定义>
变量_3	<内部变量>	Int	<没有地址>	1	1 s		<未定义>	循环连续	<未定义>
变量_1	<内部变量>	Int	<没有地址>	1	1 s		<未定...	循环连续	<未定义>

图 4-16 “变量”编辑器

4. 变量属性视图

变量属性视图如图 4-17 所示，左侧区域显示多个类别，可以从中选择各种子类别。属性视图的右侧区域显示用于对所选属性类别进行组态的字段。

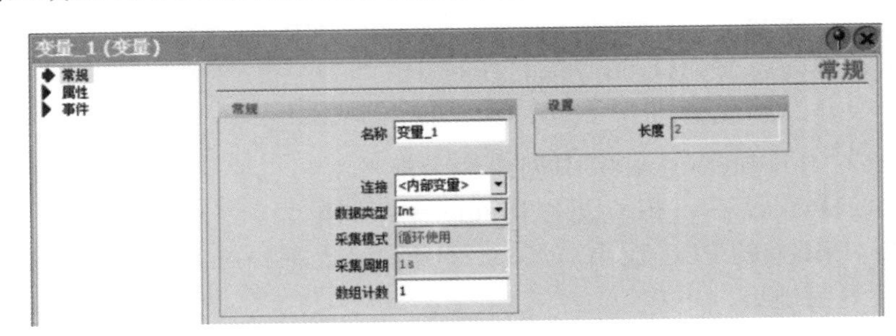

图 4-17 变量属性视图

任务 3 基于技能大赛的编程操作

任务目标

【知识目标】

1. 了解大赛任务要求。
2. 掌握 WinCC flexible SMART 项目的创建方法。
3. 掌握 WinCC flexible SMART 画面元素的使用方法。

【能力目标】

1. 能够正确安装、连接大赛设备 SMART LINE 700 IE。
2. 能够完成 WinCC flexible SMART 项目的创建与通信。
3. 能够按照大赛要求完成画面的组态与编程。

任务描述

根据大赛任务书快速了解 PLC、触摸屏和工业机器人之间的控制要求，规划好三者之间的数据传递，组态并编写 SMART LINE 700 IE 程序。

相关知识

一、大赛任务书

1. 阅读任务书

阅读任务书，了解 PLC、触摸屏、工业机器人之间的控制要求，任务书如下所示。

> 选手要完成竞赛设备的机械安装连接、电气安装调试、工业机器人程序编辑调试、PLC 程序编辑调试、触摸屏程序编辑调试。
> 任务（一）PLC 编程调试
> 完成西门子 S7-200SMART PLC 程序的编写，实现如下功能：
> ……
> 任务（二）触摸屏编程调试
> 1）编辑指示灯及按钮功能程序，与按钮模块功能同步。
> 2）显示工业机器人当前运行模块。
> 要求：① 指示灯、按钮图形不限，在显示屏界面上排放整齐。
> ② 可与 PLC 进行通信。
> 注意：完成任务后举手示意裁判。
> 任务（三）机器人编程调试
> 1）坐标系标定及写字模块编程调试。
> ……

2. 规划数据传递关系

根据控制要求规划设备之间的数据传递关系，参见图 3-23。

3. 规划触摸屏外部变量

根据 I/O 分配表和控制要求规划触摸屏的外部变量，见表 4-1。

表 4-1　规划触摸屏外部变量

触摸屏	PLC	备注
HMI 复位	M10.0	触摸屏复位按钮
HMI 启动	M10.1	触摸屏启动按钮
HMI 停止	M10.2	触摸屏停止按钮
HMI 急停	M10.3	触摸屏急停按钮
启动指示灯	Q0.3	触摸屏上显示启动指示灯（绿灯）
停止指示灯	Q0.4	触摸屏上显示停止指示灯（红灯）
电磁阀	Q0.5	触摸屏上显示电磁阀状态
PLC 状态	MB11	触摸屏上显示 PLC 运行状态

（续）

触摸屏	PLC	备注
工业机器人状态	MB12	触摸屏上显示工业机器人运行状态
PLC 命令	MB13	触摸屏上显示 PLC 命令
工业机器人模块	MB14	工业机器人正在运行哪个模块

二、组态和编程调试

1. 新建项目

1）创建一个空项目，如图 4-18 所示。

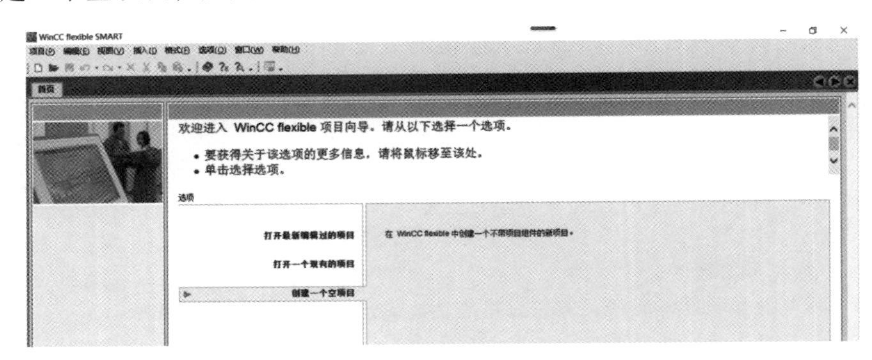

图 4-18　创建项目

2）选择 Smart Line700 IE 设备，如图 4-19 所示。

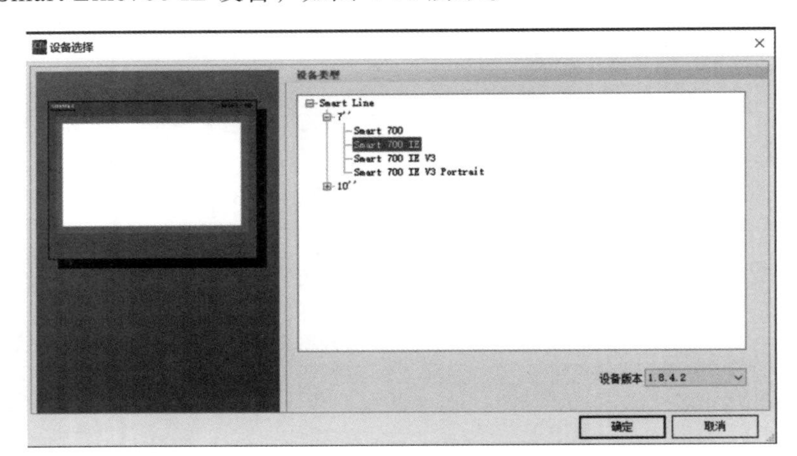

图 4-19　选择设备

2. 建立和 PLC 的连接

1）创建连接，如图 4-20 所示。

2）创建与 PLC 连接的外部变量，如图 4-21 所示。

3）创建按钮对象。

① 给画面 _1 添加 4 个按钮（简单对象），如图 4-22 所示。

② 为每个按钮添加“按下”和“释放”事件，如图 4-23 所示。

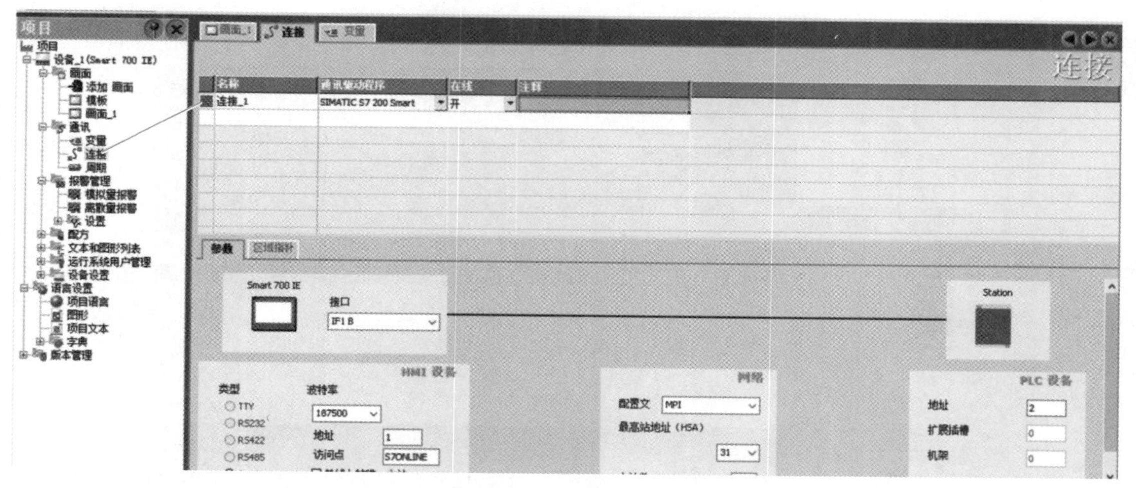

图 4-20　创建连接

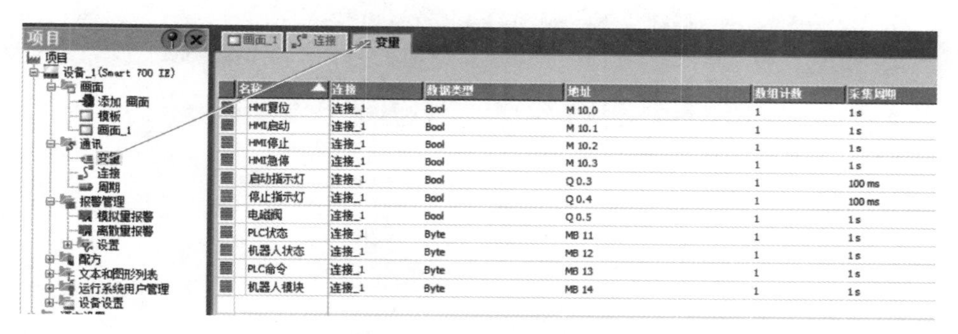

名称	连接	数据类型	地址	数组计数	采集周期
HMI复位	连接_1	Bool	M 10.0	1	1 s
HMI启动	连接_1	Bool	M 10.1	1	1 s
HMI停止	连接_1	Bool	M 10.2	1	1 s
HMI急停	连接_1	Bool	M 10.3	1	1 s
启动指示灯	连接_1	Bool	Q 0.3	1	100 ms
停止指示灯	连接_1	Bool	Q 0.4	1	100 ms
电磁阀	连接_1	Bool	Q 0.5	1	1 s
PLC状态	连接_1	Byte	MB 11	1	1 s
机器人状态	连接_1	Byte	MB 12	1	1 s
PLC命令	连接_1	Byte	MB 13	1	1 s
机器人模块	连接_1	Byte	MB 14	1	1 s

图 4-21　创建外部变量

4）指示灯设置。

① 运行指示灯及其属性设置（文本域、圆和圆的外观动画）如图 4-24 所示。

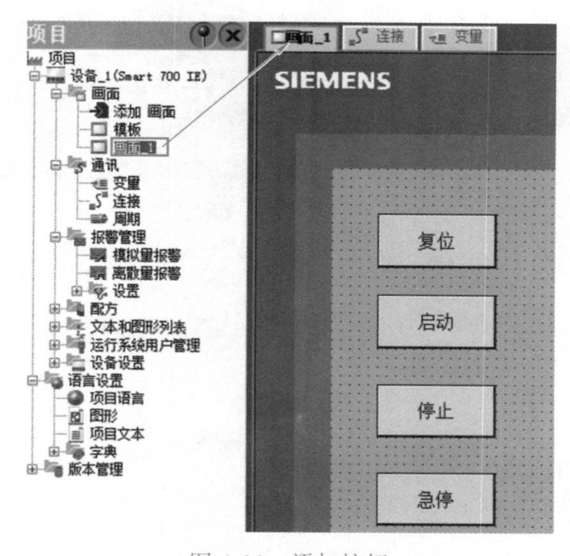

图 4-22　添加按钮

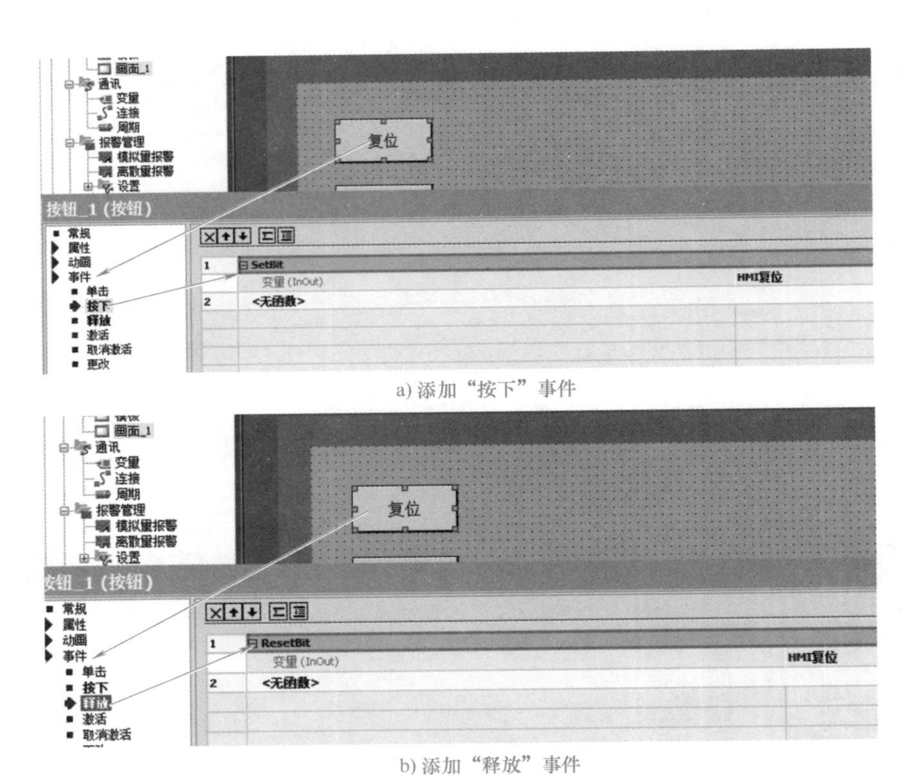

a) 添加“按下”事件

b) 添加“释放”事件

图 4-23　添加事件

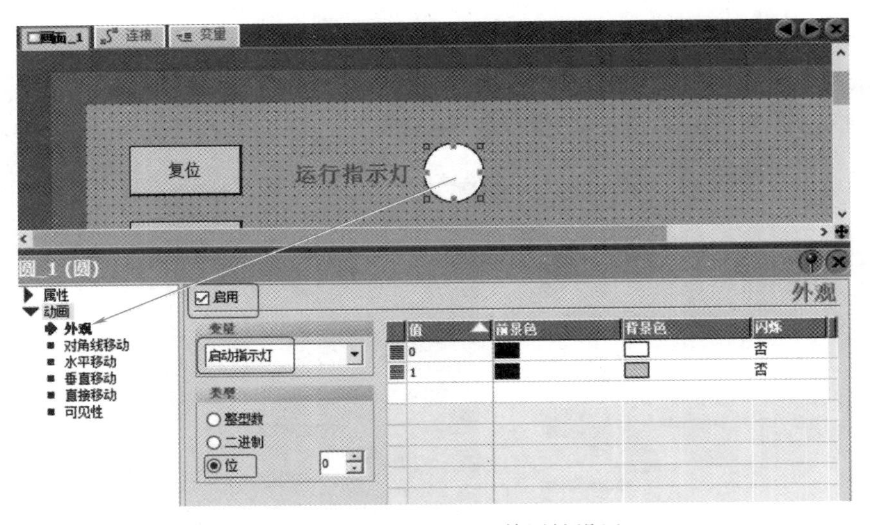

图 4-24　运行指示灯及其属性设置

② 停止指示灯及其属性设置如图 4-25 所示。

5）电磁阀开关状态显示（开关）如图 4-26 所示。

还可以给电磁阀加上背景动画，如图 4-27 所示。

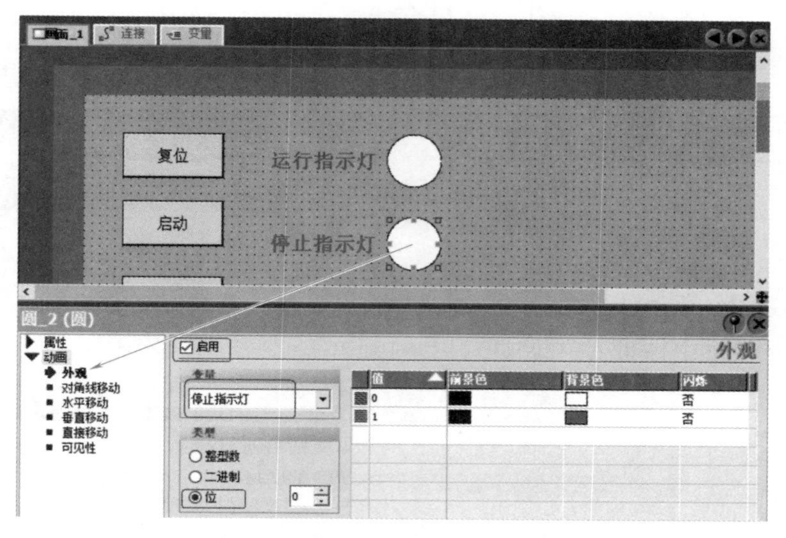

图 4-25　停止指示灯及其属性设置

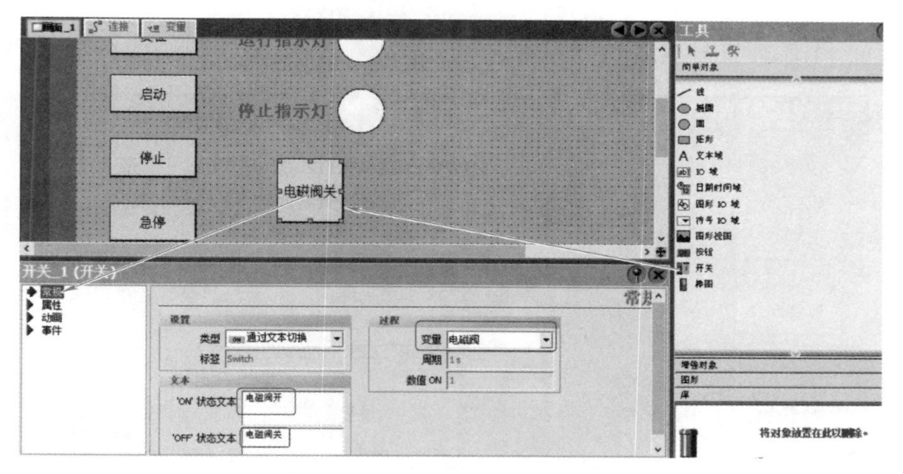

图 4-26　电磁阀开关状态显示

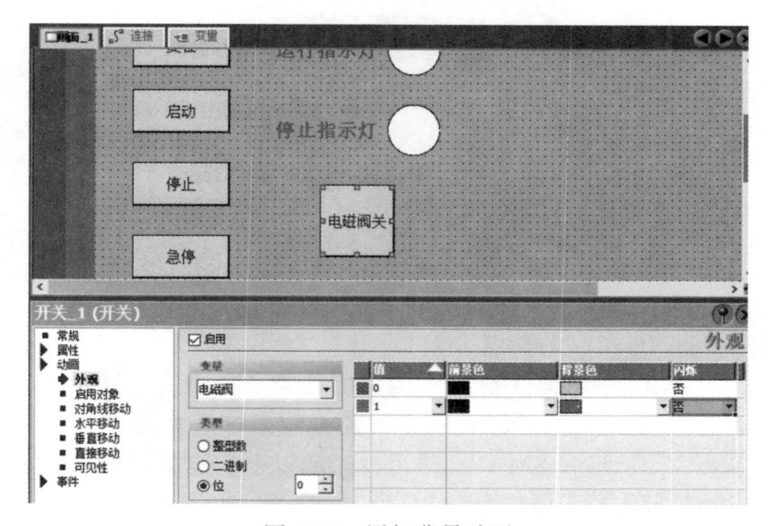

图 4-27　添加背景动画

6）工业机器人运行模块显示。

① 添加文本列表，如图 4-28 所示。

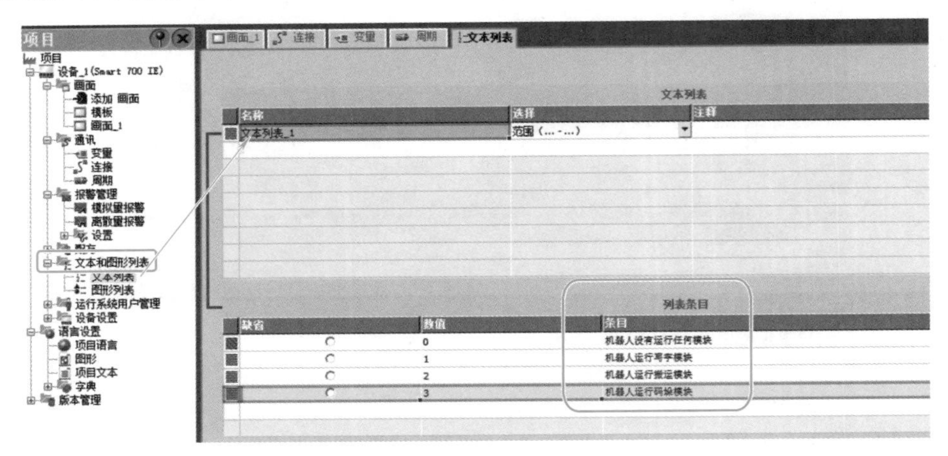

图 4-28　添加文本列表

② 为画面 _1 添加符号 IO 域，如图 4-29 所示。

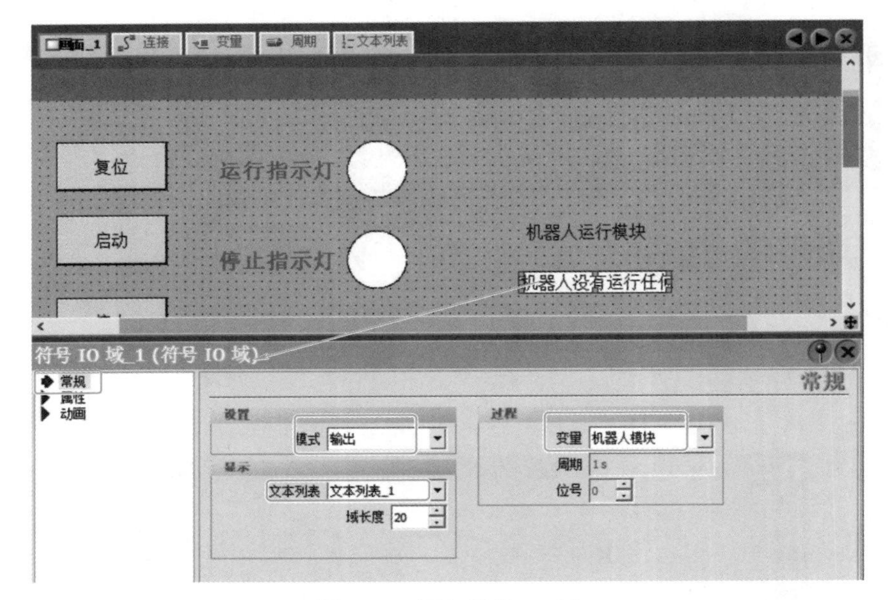

图 4-29　添加符号 IO 域

项目评测

1. 简述 SMART LINE 产品的特点。
2. 简述 WinCC flexible SMART 软件中变量的分类和特点。
3. 简要分析大赛中 SMART LINE 面板上可能会组态哪些元素。
4. 创建一个 WinCC flexible SMART 项目，完成以下功能的画面组态：

1）4 个功能按钮，可代替实际的复位、启动、暂停、急停功能。

2）两个指示灯，在触摸屏上同步显示运行指示灯（绿灯）、停止指示灯（红灯）的状态。

3）用符号域显示工业机器人的运行模块。

项目评价（表4-2）

表 4-2　项目评价

序号	内容	评分依据	自评分（20分）	小组互评分（30分）	教师课业评分（50分）	总评分
1	任务1　西门子 SIMATIC 精彩系列面板及编程软件介绍	1）能够正确安装西门子 SIMATIC 精彩系列面板 2）熟悉 WinCC flexible SMART 的基本使用方法 3）能够创建 WinCC flexible SMART 项目				
2	任务2　创建项目与组态	1）熟悉 WinCC flexible SMART 的使用方法 2）能够创建 WinCC flexible SMART 项目并添加画面 3）能创建并使用对象 4）能创建并使用变量				
3	任务3　基于技能大赛的编程操作	1）能根据任务书快速明确控制要求 2）能合理规划画面布局 3）能正确设置按钮对象 4）能正确设置图形对象 5）能正确设置工业机器人运行状态				

项目5

亚龙 YL-12B 型工业机器人基础实训设备的维护与保养

本项目重点介绍工业机器人操作前、操作中及操作后的注意事项，以及工业机器人的维护与保养知识。通过本项目的学习，使大家进一步了解安全操作规范及维护保养技巧，避免安全意外发生。

任务 1 工业机器人的使用安全

任务目标

【知识目标】

1. 了解操作者应遵守的操作规范。
2. 掌握工业机器人的操作安全知识。
3. 掌握 YL-12B 型工业机器人基础实训设备的操作要点。

【能力目标】

1. 能够正确使用设施设备，遵守工业机器人操作规范。
2. 能够时刻注意工业机器人的操作安全。
3. 能安全操作亚龙 YL-12B 型工业机器人基础实训设备。

任务描述

工业机器人的系统复杂而且危险性高，对工业机器人进行任何操作都必须注意安全。通过本任务的学习，可使学生了解工业机器人的操作安全知识，养成严格准守安全操作规程的职业素养。

相关知识

一、工业机器人使用安全

工业机器人的使用安全，包括操作前、操作中及操作后安全，任何不当的操作都可能引发设备或人身事故。下面分别从以下方面进行介绍。

1. 操作者应遵守的事项

在操作前操作者需要经过专业的培训，同时还需做好如下准备。

1）穿着规定的工作服、安全靴，佩戴安全帽。

2）为了确保工厂内的安全，请遵守“小心火灾”“高压”“危险”“外人勿进”等规定。

3）认真管理好控制柜，请勿随意按下按钮。

4）切勿用力摇晃工业机器人及在工业机器人上悬挂重物。

5）在工业机器人周围不要有危险行为或做游戏。

6）时刻观察周围环境，确保人身及设备安全。

2. 工业机器人周边防护

为了确保工业机器人的使用、运行安全，还需考虑到工业机器人的周边防护，注意事项如下。

1）未经许可的人员不得靠近工业机器人及其周边辅助设备。

2）绝不能够强制扳动工业机器人的轴。

3）在操作期间，绝不允许非工作人员触动工业机器人的操作按钮。

4）切勿倚靠在控制柜上，不要随意按动操作按钮。

5）工业机器人周边区域必须保持清洁（无油、水及杂质）。

6）需要手动控制工业机器人时，应确保工业机器人动作范围内无任何人员或障碍物。

7）执行程序前，应确保工业机器人工作区域内不得有无关人员、工具和工件。

3. 工业机器人操作安全

操作人员必须严格遵守操作规程，并在操作时注意以下事项。

1）绝不允许操作人员在自动运行模式下进入工业机器人动作范围内，决不允许其他无关人员进入工业机器人运动范围内。

2）应尽量在工业机器人动作范围外进行示教工作。

3）在工业机器人动作范围内进行示教工作时，应注意以下几点。

① 始终从工业机器人的前方进行观察，不要背对工业机器人进行作业。

② 始终按预先制定好的操作程序进行操作。

③ 始终备有一个当工业机器人一旦发生未预料的动作而进行保护的方法，确保操作人员在紧急的情况下不会受到伤害。

4）在操作工业机器人前，应先按控制柜前门及示教器右上方的急停按钮，以检查伺服准备的指示灯是否熄灭，并确认其所有驱动器不在伺服投入状态。

5）运行工业机器人程序时，应采用由单步到连续的模式，按从低速到高速的顺序进行。

6）在运行工业机器人时，示教器上的模式开关应选择手动模式，不允许在自动模式下操作工业机器人。

7）工业机器人运行过程中，严禁操作人员离开现场，以确保遇意外情况时及时处理。

8）工业机器人工作时，操作人员应注意查看工业机器人电缆状况，防止其缠绕在工业机器人上。

9）示教器和示教器电缆不能随意放置，应随手携带或挂在操作位置。

10）当工业机器人停止工作时，不要认为其已经完成工作了，因为工业机器人停止工作很有可能是在等待让它继续动作的输入信号。

11）离开工业机器人前应关闭伺服并按下急停按钮，同时将示教器放置在安全位置。

12）工作结束时，应使工业机器人停在工作原点或安全位置。

13）严禁在控制柜内随意放置配件、工具、杂物等。

14）在校验工业机器人机械零点时，零标杆必须拔出后方可使工业机器人动作。

15）运行工业机器人程序时，应密切观察工业机器人的动作，左手应放在急停按钮上，右手放在停止按钮上，当出现工业机器人运行路径与程序不符合时或出现紧急情况时，应立即按下停止按钮。

16）严格遵守并执行工业机器人的日常点检与维护。

17）一旦发生火灾，请使用二氧化碳灭火器。

18）工业机器人处于自动模式时，任何人员都不允许进入其运动所及的区域。

19）在任何情况下都不要使用工业机器人原始启动盘，而是使用复制盘。

20）工业机器人停机时，夹具上不应置物，必须空机。

21）工业机器人在发生意外或运行不正常等情况下，均可使用E-Stop（急停）键停止运行。

22）工业机器人在自动状态下，即使运行速度非常低，其动量仍很大，所以在进行编程、测试及维修等工作时，必须将工业机器人置于手动模式。

23）气路系统中的压力可达0.6MPa，任何相关检修都要切断气源。

24）在手动模式下调试工业机器人，如果不需要移动工业机器人，必须及时释放使能装置。

25）操作人员进入工业机器人工作区域时，必须随身携带示教器，以防他人误操作。

26）在得到停电通知时，要预先关断工业机器人的主电源及气源。

27）突然停电后，要赶在来电之前预先关闭工业机器人的主电源开关，并及时取下夹具上的工件。

28）维修人员必须保管好工业机器人钥匙，严禁非授权人员在手动模式下进入工业机器人软件系统随意翻阅或修改程序及参数。

二、亚龙YL-12B型工业机器人基础实训设备操作注意事项

1. 使用前

在使用前，要保证设备工作环境的安全，操作前还需对设备进行安全性检查，具体内容如下。

1）实施配线，请务必关闭电源，在检查无误后方能通电。

2）使用设备前必须熟悉产品技术说明书、使用说明书和实验指导书，按厂方提出的技术规范和程序进行操作和实验。

3）注重设备的环境保护，减少暴晒、水浸及腐蚀物的侵袭等。

4）提倡设备在常规技术参数要求范围下工作，谨防在极限技术参数要求范围内操作，禁止设备在技术要求范围外工作。

5）严防重物、重力、机械撞击。减少电灾害、磁干扰及振动对设备允许范围外的伤害。

6）如设备出现漏电、断相、短路，各种仪表、灯光显示异常及电火花、机械噪声或异味、冒烟等现象，应立即按下急停按钮并断电，进行设备维修，切勿“带病”操作和使用。

7）设备要进行定期检查、维护和保养处理。

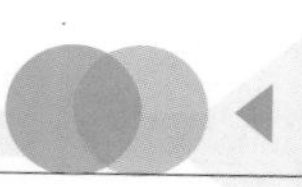

2. 开机前

开机操作前，应对设备的电源部分、桌面部分、气动部分分别进行检查。

1）电源部分：开机前，应先检查电源线是否连接正常，工业机器人本体与控制柜连接线缆、示教器插口是否连接正确、牢固，设备抽屉内相应电气模块接线是否正确。

2）桌面部分：检查桌面三个模块位置安装是否合理、与桌面连接是否牢固、运行中是否会发生位置偏移、夹具及吸盘安装是否牢固，以及书写笔是否正常出墨等。

3）气动部分：检查空压机是否能正常工作、通气管路是否连接正确，以及控制柜外接I/O 端口是否连接正确。

3. 开机后

开机操作后，主要观察界面显示是否正常，工业机器人在相应模式下是否能够正常操作，具体内容如下。

1）示教器是否正常显示，并进入工业机器人系统模型界面。

2）切换至伺服状态，回零校准，观察回零后零点位置姿态是否正常。

3）在世界坐标系下分别在 X、Y、Z 三个方向试运行，移动时观察其运动轨迹是否偏差过大，若与工业机器人坐标水平直线偏差较大，则需重新进行回零校准，偏差小则直接在设置界面中按“高级设置→零位补偿→关节坐标系下手动控制”进行操作，更改 6 轴中对应的轴位数值进行微调。

4）偏差大时，进入设置界面中按“高级设置→零位补偿→当前关节位置→全部置零（开机后当前零点坐标）→模型→零位校准→零位补偿取消为零→回到零位补偿一栏→关节坐标系下手动控制位置→找到合理位置→单击当前关节位置→再次回零校准→完成”进行操作。

任务 2 工业机器人的检修与保养

任务目标

【知识目标】

1. 熟悉工业机器人主要部件的工作过程及管理方法。
2. 掌握工业机器人日常检查保养维护项目。
3. 了解工业机器人的日常管理。

【能力目标】

1. 能够对工业机器人进行定期保养维护。
2. 能够对工业机器人简单故障进行维修。

任务描述

工业机器人在现代企业生产活动中的地位和作用十分重要，而工业机器人状态的好坏则直接影响其效率，从而影响企业的经济效益。因此，工业机器人管理、维护的主要任务之一就是保证工业机器人正常运转。通过本任务的学习，可使学生熟悉工业机器人主要部件的工作过程及管理，掌握工业机器人日常检查保养维护项目，并能对工业机器人进行定期保养维护，能对工业机器人的简单故障进行维修。

相关知识

一、工业机器人的系统安全和工作环境安全管理

在设计和布置工业机器人系统时，为了使操作员、编程员和维修人员能得到适当的安全防护，应按照工业机器人制造厂商的规范进行。为了确保工业机器人及其系统与预期的运行状态相一致，则应评价分析所有的环境条件（包括爆炸性混合物、腐蚀情况、湿度、温度、电磁干扰、射频干扰和振动等）是否符合要求，否则应采取相应的措施。

1. 工业机器人系统的布局

控制柜宜安装在安全防护空间外。这样可使操作人员在安全防护空间外进行操作，并且在此位置上操作人员应具有开阔的视野，能观察到工业机器人的运行情况及是否有其他人员处于安全防护空间内。若控制装置被安装在安全防护空间内，则其位置和固定方式应能满足在安全防护空间内各类人员安全性的要求。

2. 工业机器人的系统安全管理

在工业机器人系统的布置中，应避免工业机器人运动部件和与作业无关的周围固定物体（如建筑结构件、公用设施等）之间的挤压和碰撞，应保证足够的安全间距，一般最少为 0.5m，但那些与工业机器人完成作业任务相关的工业机器人和装置（如物料传送装置、工作台、相关工具台、相关机床等）则不受约束。

当要求由工业机器人系统布局来限定工业机器人各轴的运动范围时，应按要求来设计限定装置，并在使用时进行器件位置的正确调整，可靠固定在设计末端的执行器应在其动力源（电气、液压、气动、真空等）发生变化或动力消失时，负载不会松脱落下或发生危险（如飞出）；同时，在工业机器人运动时由负载和末端执行器所生成的静力和动力及力矩应不超过工业机器人的负载能力。工业机器人系统的布置应考虑操作人员进行手动作业时（如零件的上、下料）的安全防护，可通过传送装置、移动工作台、旋转工作台、滑道推杆、气动和液压传送机构等过渡装置来实现，使手动上下料的操作人员置身于安全防护空间之外，但这些自动移出或送进的装置不应产生新的危险。

工业机器人系统可采用一种或多种安全防护装置，如固定式或联锁式防护装置；现场传感安全防护装置（PSSD），如安全光幕或光屏、安全垫系统、区域扫描安全系统、单路或多路光束等。工业机器人系统安全防护装置主要有以下作用。

1）防止各操作阶段中与该操作无关的人员进入危险区域。

2）中断危险源。

3）防止非预期的操作。

4）容纳或接受由于工业机器人系统作业过程中可能掉落或飞出的物件。

5）控制作业过程中产生的其他危险（如抑制噪声、阻挡激光或弧光、屏蔽辐射等）。

3. 工业机器人的工作环境安全保障

安全装置是通过自身的结构功能设计来预防机器的某种危险，或限制运动速度、压力等危险因素。常见的安全装置有联锁装置、双手操作式装置、自动停机装置、限位装置

等。在机械设备上使用一种本质安全化附件，其作用是杜绝在机械正常工作期间发生人身事故。

防护装置通常是指采用壳、罩、屏、门、盖、栅栏等封闭式装置作为物体障碍，将人与危险隔离。例如，用金属铸造或金属板焊接的防护箱罩，一般用于齿轮传动或传输距离不大的传动装置的防护；用金属骨架和金属网制成防护网，常用于带传动装置的防护；栅栏式防护适用于防护范围比较大的场合或作为移动机械临时作业的现场防护。工业机器人安全防护装置有固定式防护装置、活动式防护装置、可调式防护装置、联锁式防护装置、带防护锁的联锁式防护装置及可控防护装置，如图 5-1 所示。

图 5-1　工业机器人安全防护装置

为了减少已知的危险和保护各类工作人员的安全，在设计工业机器人系统时，应根据工业机器人系统的作业任务及各阶段操作过程的需要和风险评价的结果选择合适的安全防护装置。所选的安全防护装置应按照制造厂的说明进行使用和安装。

（1）固定式防护装置

固定式防护装置的安装注意事项如下。

1）通过紧固件（如螺钉、螺栓、螺母等）或通过焊接将防护装置永久固定在所需的地方。

2）其结构能承受预定的操作力和环境产生的作用力，即应考虑结构的强度与刚度。

3）其构造应不增加任何附加危险（如应尽量减少锐边、尖角、凸起等）。

4）不使用工具就不能移开固定部件。

5）隔板或栅栏底部离地面不大于 0.3m，高度应不低于 1.5m。

提示：在搬运工业机器人系统周围安装的隔板或栅栏应有足够的高度，以防止任何物件由于末端夹持器松脱而飞出隔板或栅栏。

（2）联锁式防护装置

在工业机器人系统中采用联锁式防护装置时，应考虑下述原则。

1）在防护装置关闭前，联锁式防护装置应能防止工业机器人系统自动操作，在防护装置关闭后工业机器人则不能进入自动操作，而且启动工业机器人进入自动操作方式应在控制板上进行。

2）在伤害风险消除前，联锁防护装置应处于关闭和锁定状态；或当工业机器人系统正在工作时，若防护装置被打开，系统应给出停止或急停的指令。联锁式防护装置起作用时，若不产生其他危险，则应能从停止位置重新启动工业机器人。

3）中断动力源可消除进入安全防护区之前的危险，但动力源中断不能立即消除危险，即联锁系统中应含有防护装置的锁定或制动系统。

4）在进入安全防护空间的联锁门处，应考虑设有防止无意关闭联锁门的结构或装置（如采用两组以上触点，具有磁性编码的磁性开关等）。应确保所安装联锁装置的动作在避免了一种危险（如停止了工业机器人的危险运动）时，不会引起另外的危险发生（如使危险物质进入工作区）。

此外，在设计联锁系统时，还应考虑安全失效的情况，即万一某个联锁器件发生不可预见的失效时，安全功能应不受影响。若万一受影响，则工业机器人系统仍应保持在安全状态。

在工业机器人系统的安全防护中经常使用现场传感装置，设计时应遵循下述原则。

现场传感装置的设计和布局应能实现以下功能：在传感装置未起作用前，人员不能进入，且身体各部位不能伸入限定空间内。为了防止人员从现场传感装置旁边绕过进入危险区，要求将现场传感装置与隔板或栅栏一起使用。在设计和选择现场传感装置时，应考虑到其工作不受系统所处的任何环境条件（如湿度、温度、噪声、光照等）的影响。

（3）安全防护空间

安全防护空间是由工业机器人外围的安全防护装置（如栅栏等）所组成的空间。安全防护空间的大小是通过风险评价来确定的。一般应考虑当工业机器人在作业过程中，所有人员身体的各部分应不能接触到工业机器人运动部件和末端执行器或工件的运动范围。

（4）动力断开

提供工业机器人系统及外围工业机器人的动力源应满足制造商的规范以及本地区或国家的电气构成规范要求，并按标准提出的要求进行接地。

在设计工业机器人系统时，应考虑维护和修理的需要，必须具备与动力源断开的技术措施。断开必须做到既可见（如运行明显中断），又能通过检查断开装置操作器的位置而加以确认，并能将切断装置锁定在断开位置。切断电器电源的措施应按相应的电气安全标准进行。工业机器人系统或其他相关机器人动力断开时，应不发生危险。

（5）急停

工业机器人系统的急停控制应优先于其他所有控制，可使所有运动停止，并从工业机器人驱动器上和可能引起危险的其他能源（如外围工业机器人中的喷漆系统、焊接电源、运动系统、加热器等）上撤出驱动动力。

1）每台工业机器人的操作站和其他能控制运动的场合都应设有易于迅速接近的急停装置。

2）工业机器人系统的急停装置应如工业机器人控制装置一样，其按钮应是掌揿式或蘑菇头式、衬底为黄色的红色按钮，且要求人工复位。

3）重新启动工业机器人系统运行时，应在安全防护空间外，按规定的启动步骤进行。

4）若工业机器人系统中安装有两台工业机器人，且两台工业机器人的限定空间具有相互交叉的部分，则其共用的急停电路应能停止系统中两台工业机器人的运动。

（6）远程控制

当工业机器人控制系统需要具有远程控制功能时，应采取有效措施防止由其他场所启动工业机器人运动而产生的危险。具有远程操作（如通过通信网络）的工业机器人系统，应设置一种装置（如键控开关），以确定在进行本地控制时任何远程命令均不能引发危险。

1）当现场传感装置已起作用时，只要不产生其他的危险，可将工业机器人系统从停止

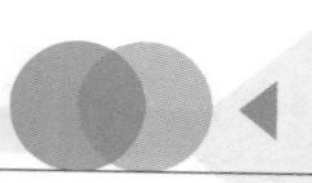

状态重新切换到运行状态。

2）在恢复工业机器人运动时，应要求撤除传感区域的阻断，但不应使工业机器人系统重新启动自动操作。

3）应具有指示现场传感装置正在运行的指示灯，其安装位置应易于观察，可以集成在现场传感装置中，也可以做成工业机器人控制接口的一部分。

（7）警示措施

在工业机器人系统中，为了引起人们注意潜在的危险，应采取警示措施，包括警示栅栏或警示信号装置。它们是用来识别通过上述安全防护装置没有阻止的残留风险，但警示措施不应是前面所述安全防护装置的替代品。

1）警示栅栏。为了防止人员意外进入工业机器人限定空间，应设置警示栅栏。

2）警示信号。为了给接近或处于危险中的人员提供可识别的视听信号，应设置和安装警示信号装置。在安全防护空间内采用可见的光信号来警示危险时，应有足够多的器件以便人们在接近安全防护空间时能看到光信号。音响报警装置则应具有比环境噪声级别更高的独特的警示声音。

（8）安全生产规程

考虑到工业机器人系统寿命中的某些阶段（如调试阶段、生产过程转换阶段、清理阶段、维护阶段），设计出完全适用的安全防护装置去防止各种危险是不可能的，且那些安全防护装置也可以被暂停。在这种状态下，应该采用相应的安全生产规程。

（9）安全防护装置的复位

重建联锁门或现场传感装置时，其本身应不能重新启动工业机器人的自动操作。重新启动装置应安装在安全防护空间内的人员不能达到的地方，且能让工作人员观察到安全防护空间内的情况。

二、工业机器人主要部件的管理

1. 工业机器人主机的管理

工业机器人主机位于工业机器人控制柜内，是出故障较多的部分。常见的故障有串口、并口、网卡接口失灵，不能进入系统，屏幕无显示等。而工业机器人主板是主机的关键部件，起着至关重要的作用，其集成度越高，维修难度也越大，需专业的维修技术人员借助专门的数字检测设备才能完成。工业机器人主板集成的组件和电路多而复杂，容易引起故障，其中不乏人为故障。

（1）人为因素

热插拔硬件非常危险，许多主板故障都是由热插拔引起的，带电插拔板卡及插头时用力不当容易损坏接口、芯片等，从而导致主板损坏。

（2）内因

随着工业机器人使用时间的增长，其主板上的元器件会自然老化，从而导致主板故障。

（3）环境因素

由于保养不当，工业机器人主机主板上布满灰尘，则可能造成信号短路。此外，静电也常造成主板芯片（特别是 CMOS 芯片）被击穿，引起主板故障。

因此，应特别注意工业机器人主机的通风、防尘，减少因环境因素引起的主板故障。

2. 工业机器人控制柜的管理

（1）控制柜的保养计划

工业机器人的控制柜必须有计划地进行保养，以使其正常工作。表 5-1 为控制柜保养计划表。

表 5-1　控制柜保养计划表

保养内容	设备	周期	说明
检查	控制柜	6 个月	
清洁	控制柜		
清洁	空气过滤器		
更换	空气过滤器	4000h/24 个月	h 表示运行时间，月份表示实际的日历时间
更换	电池	12000h/36 个月	同上
更换	电池	60 个月	同上

（2）检查控制柜

控制柜的检查方法见表 5-2。

表 5-2　控制柜的检查方法

步骤	操作方法
1	检查并确定控制柜内部有无杂质，如果发现杂质，则应清除并检查柜子的衬垫和密封
2	检查控制柜的密封接合处及电缆密封管的密封性，确保灰尘和杂质不会由此处吸入
3	检查插头及电缆连接的地方是否松动，电缆是否有破损情况
4	检查空气过滤器是否干净
5	检查风扇是否正常工作

在维修控制柜或连接到控制柜上的其他单元之前，应注意以下几点。

1）断掉控制柜的所有供电电源。

2）控制柜或连接到控制柜的其他单元内部很多元件都对静电敏感，如果受静电影响，有可能被损坏。

3）操作时，一定要带上一个接地的静电防护装置，如特殊的静电手套等，有的模块或元件装了静电保护扣，请使其连接保护手套。

（3）清洁控制柜

所需设备有一般清洁器具和真空吸尘器。一般清洁器具如软刷，可以用软刷蘸酒精清洁外部柜体，用真空吸尘器来进行内部清洁。控制柜内部清洁的方法与步骤见表 5-3。

表 5-3　控制柜内部清洁的方法与步骤

步骤	操作方法	说明
1	用真空吸尘器清洁控制柜内部	
2	如果控制柜内部装有热交换装置，需保持其清洁，这些装置通常在供电电源后、计算机模块后、驱动单元后	如果需要，可以先移开这些热交换装置，然后再清洁控制柜

清洗控制柜之前的注意事项。

1）尽量使用前面介绍的工具清洗，否则容易引发一些额外的问题。
2）清洁前检查保护盖或者其他保护层是否完好。
3）不要使用未指定的清洁用品，如压缩空气及溶剂等。
4）禁止使用高压的清洁器喷射。

三、工业机器人的维护与保养

1. 控制装置及示教器的检查

工业机器人控制装置及示教器的检查参见表 5-4。

表 5-4 工业机器人控制装置及示教器的检查

序号	检查内容	检查事项	处理方法
1	外观	1）工业机器人本体和控制装置是否干净 2）电缆外观有无损伤 3）通风孔是否堵塞	1）清扫工业机器人本体和控制装置 2）目测电缆外观有无损伤，如果有应立即处理，损坏严重时应进行更换 3）通风孔堵塞应进行疏通处理
2	急停按钮	1）面板急停按钮是否正常 2）示教急停按钮是否正常 3）外部控制复位急停按钮是否正常	开机后用手按动面板复位急停按钮，确认有无异常，损坏时应进行更换
3	电源指示灯	1）面板、示教器、外部机器、工业机器人本体的指示灯是否正常 2）其他指示灯是否正常	目测各指示灯有无异常
4	冷却风扇	运转是否正常	接通电源，目测风扇运转是否正常，若不正常应予以更换
5	伺服驱动器	伺服驱动器是否洁净	清洁伺服驱动器
6	底座螺栓	检查有无缺失、松动	用扳手拧紧螺栓、补齐缺失螺栓
7	盖类螺栓	检查有无缺失、松动	用扳手拧紧螺栓、补齐缺失螺栓
8	放大器输入 / 输出电缆安装螺钉	1）放大器输入 / 输出电缆是否已连接 2）安装螺钉是否紧固	连接放大器输入 / 输出电缆，并紧固安装螺钉
9	编码器电池	工业机器人本体内编码器挡板上的蓄电池电压是否正常	电池没电，工业机器人遥控器显示编码器复位时，按照工业机器人维修手册上的方法进行更换（所有机型每两年更换一次）
10	I/O 模块的端子导线	I/O 模块的端子是否连接导线	连接 I/O 模块的端子导线，并紧固螺钉
11	伺服放大器的输入 / 输出电压（AC、DC）	接通伺服电源，参照各机型维修手册测量伺服放大器的输入 / 输出电压（AC、DC）是否正常，判断是否在基准值的 ±15% 范围内	由专业人员指导操作
12	开关电源的输入 / 输出电压	接通伺服电源，参照各机型维修手册，测量各电源的输入 / 输出电压，输入端为单相 220V，输出端为 DC 24V	由专业人员指导操作
13	电动机抱闸松开时的电压	在电动机抱闸松开时，电压应为 DC 24V	由专业人员指导操作

2. 工业机器人本体的检查

工业机器人本体的检查参见表 5-5。

表 5-5　工业机器人本体检查

序号	检查内容	检查事项	方法
1	整体外观	工业机器人本体外观有无脏污、龟裂及损伤	清扫灰尘、焊接飞溅物，并进行处理（用真空吸尘器、用布擦拭时使用少量酒精或清洁剂），用水清洁时加入防腐剂
2	工业机器人本体安装螺钉	1）工业机器人本体所安装螺钉是否紧固 2）焊枪本体安装螺钉、母材、地线是否紧固	1）紧固螺钉 2）紧固螺钉和各零部件
3	同步输送带	检查输送带的张紧度和磨损程度	1）对输送带的张紧度进行调整 2）损伤、磨损严重时应更换
4	伺服电动机安装螺钉	伺服电动机安装螺钉是否紧固	接通控制电源，目测所有风扇运转是否正常，若不正常应予以更换

四、YL-12B 型工业机器人基础实训设备的维护与保养

1. 故障分析与排除

YL-12B 型工业机器人基础实训设备的故障分析与排除参见表 5-6。

表 5-6　YL-12B 型工业机器人基础实训设备故障分析与排除

序号	故障现象	原因分析	排除方法
1	工业机器人无法正常运行	1）可能是工业机器人系统未启动 2）可能是工业机器人没有进行复位操作	1）检查工业机器人系统是否启动 2）对工业机器人进行复位
2	工业机器人无法复位	可能是工业机器人复位设置出错	打开示教器设置界面进行相关设置
3	运行程序后工业机器人底座托盘以及吸盘无法正常运行	1）可能是空气压缩机问题 2）可能是设备右侧断路器未闭合	1）检查空气压缩机是否出气 2）检查右侧压力表是否有数值

2. YL-12B 型工业机器人基础实训设备日常维护

YL-12B 型工业机器人基础实训设备日常维护步骤如下。

1）维持四周环境整洁。

2）在安装或移动位置时，必须对机器重新进行水平调整，并确保四个地脚无悬空现象。

3）清洁设备表面的灰尘及内壁可能附着的尘埃。

3. 定期维护

1）定期检查接近开关及启动和停止开关的有效性。

2）定期检查设备各元器件及固定螺钉有无松动，若有，应及时排除。

3）定期为设备轮轴机构或模具加润滑油。

4）气路保养和维修需由专业人员操作。

5）设备的通、断电时间间隔务必保证在 1min 以上。

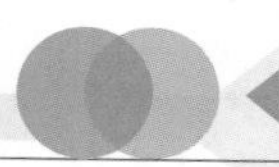

项目评测

1. 工业机器人操作人员应遵守哪些事项？
2. YL-12B 型工业机器人基础实训设备上电前，需要注意哪些问题？
3. YL-12B 型工业机器人基础实训设备无法正常运行的可能原因有哪些？
4. 如何对 YL-12B 型工业机器人基础实训设备进行日常维护和定期维护？

项目评价（表5-7）

表 5-7　项目评价

序号	内容	评分依据	自评分（20 分）	小组互评分（30 分）	教师课业评分（50 分）	总评分
1	任务 1　工业机器人的使用安全	1）能够正确使用设施设备，遵守工业机器人操作规范 2）能够时刻注意工业机器人的操作安全 3）能安全操作亚龙 YL-12B 型工业机器人基础实训设备				
2	任务 2　工业机器人的检修与保养	1）能够对工业机器人进行定期保养维护 2）能够对亚龙 YL-12B 型工业机器人基础实训设备的简单故障进行判断，并分析排除办法				

附录

亚龙多系统工业机器人仿真软件

一、仿真软件基本介绍

HRP-M 型工业机器人编程仿真软件（以下简称“HRP-M 型仿真软件”）是基于 Windows 系统开发的一款客户端学习系统，可同时兼容恒锐、ABB、发那科（FANUC）、库卡（KUKA）、安川（Yaskawa）等品牌机器人的仿真示教系统，可实现多个品牌的工业机器人仿真示教系统的学习；可在同一个局域网内实现编辑程序的实时传输，极大地减少了程序传输所需要的时间；也可通过 U 盘将程序复制或者导出，有利于程序的保存和修改。该软件系统让学生在学习工业机器人专业课程中直观地了解和熟悉多种工业机器人品牌的示教器操作界面及示教指令，大幅度提高了授课效率，拓展了学生的专业视野，培养了学习兴趣。HRP-M 型仿真软件如附图 1 所示。

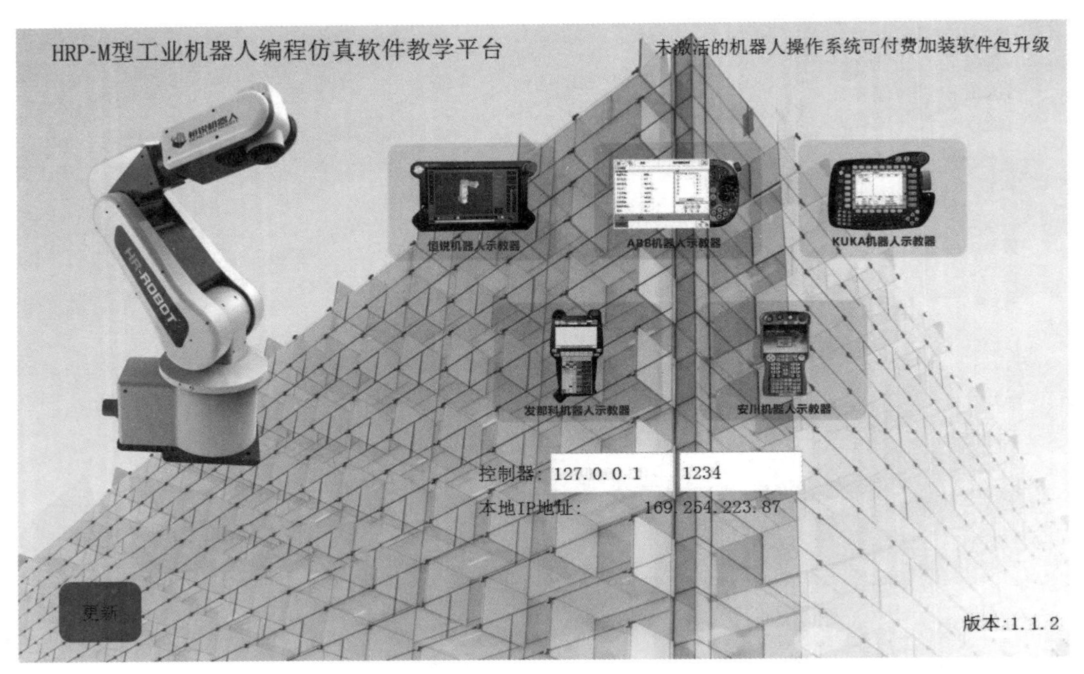

附图 1　HRP-M 型 Windows 工业机器人编程仿真软件

二、HRP-M 型仿真软件功能及界面介绍

HRP-M 型仿真软件使用 C++ 语言并基于 C++11 新标准，搭配较新的 Qt 程序开发框架进行开发，既保证了程序的跨平台通用性，又保证了程序运行的安全及高效。HRP-M 型仿真软件可在多种操作系统中使用，包括但不限于 Windows7、Windows8、Windows10、

Linux 以及 Mac 系统，同时在 ARM 架构下也可运行。HRP-M 型仿真软件基于较新的 C++ 11 标准，大量使用智能指针，在减少内存使用、降低内存泄露可能性的前提下还极大地提高了开发效率。同时，HRP-M 型仿真软件依旧在不断地进步，根据用户的需求及反馈不断地进行功能调整与优化。

HRP-M 型仿真软件界面结构如附图 2 所示。

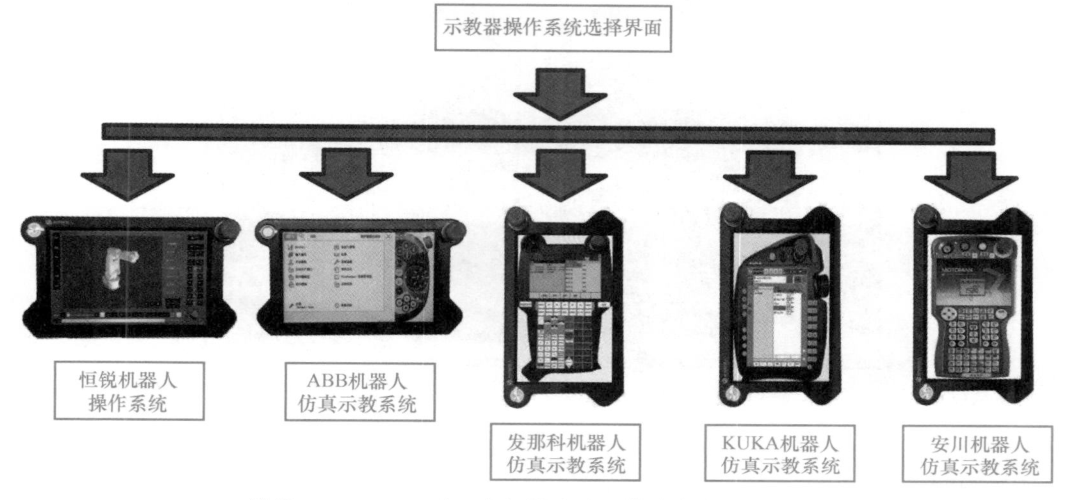

附图 2　HRP-M 型工业机器人编程仿真软件界面结构

（一）仿真软件登录界面

如附图 3 所示，在仿真系统选项下方输入控制器 IP 地址以及端口号后，单击上方任意一个示教器按钮后即可进入该示教系统进行操作。控制器 IP 地址及端口号有两种模式可以选择，输入控制器 IP：127.0.0.1，端口号：1234，可单机进入仿真示教系统。当与真实工业机器人处于同一局域网时，可输入真实工业机器人本机 IP 地址到软件控制器 IP 地址输入框中，输入端口号：8080，此时单击上方仿真系统选项进入示教系统后可手动远程操控真实工业机器人运动。工业机器人本地 IP 地址显示在控制器 IP 输入框下方。

示教器操作页面左下角设有“更新”按钮，可使用 U 盘装载新版本示教器仿真软件插入计算机中，单击该按钮可自动更新软件，右下角显示当前软件系统版本号。

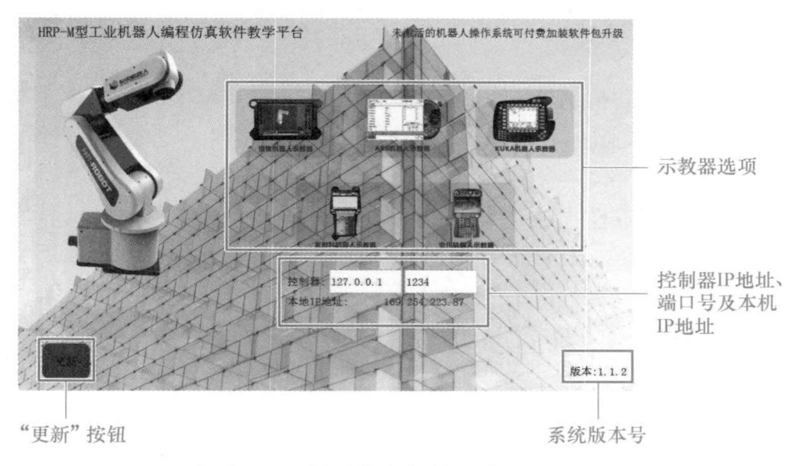

附图 3　示教器仿真软件系统登录界面

（二）恒锐机器人操作系统界面

1. 恒锐机器人操作系统界面介绍

恒锐机器人操作系统界面如附图 4 所示。

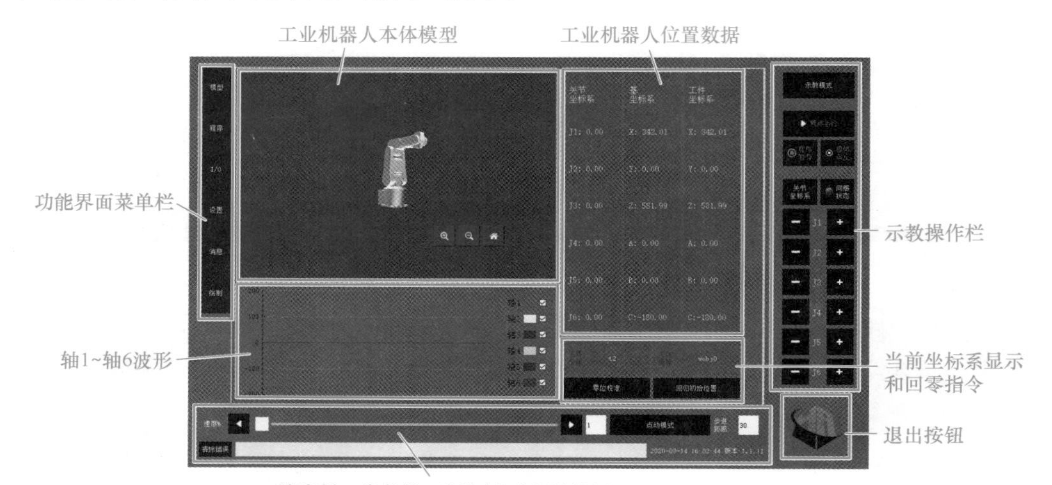

附图 4　恒锐机器人操作系统界面

1）功能界面菜单栏包括模型、程序、I/O、设置、消息和绘制。其中，模型界面为附图 4 显示的主界面。

2）工业机器人本体模型：工业机器人本体仿真模型可随手动操作或者程序运行同步运动。

3）工业机器人位置数据：显示当前工业机器人所在位置的关节坐标系数据、基坐标系数据以及工件坐标系数据。

4）轴 1~ 轴 6 波形图：根据工业机器人关节坐标系发生变化。

5）速度栏、信息栏、步进 / 点动切换按钮：可手动调节工业机器人运行速度，更改工业机器人当前手动操作模式为点动或者步进模式，在消息显示栏中显示提示信息及报错信息。

6）当前坐标系显示和回零指令：显示当前工业机器人使用的工具及工件坐标系，按下零位校准按钮可使工业机器人自动校准零位，按下回归初始位置按钮可使工业机器人快速回到零位。

7）示教操作栏：可手动操控工业机器人运动，通过切换当前使用的坐标系来切换工业机器人运动方式，上方模式切换按钮可将工业机器人切换到手动编写程序的示教模式、自动运行程序的再现模式和外部信号控制工业机器人自动运行的远程模式。

8）退出按钮：按下该按钮可退出恒锐机器人示教器回到附图 3 所示界面。

2. 恒锐机器人操作系统界面功能

（1）参数设置

恒锐机器人操作系统界面参数设置如附图 5 所示。

在机器人设置界面中，根据使用的机器人本体类型、电动机参数、运动性能、运动范围等内容填写机器人比例参数、运动参数、驱动参数以及模型参数，填写完成后保存参数。

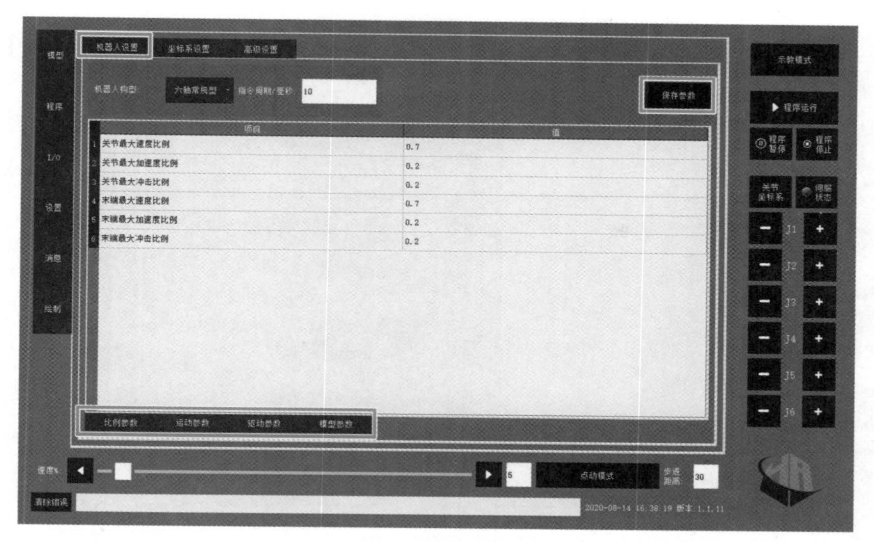

附图 5　恒锐机器人操作系统界面参数设置

注：机器人参数默认填写完成，更改时请参考相关资料。

（2）I/O 控制

恒锐机器人操作系统 I/O 界面如附图 6 所示。

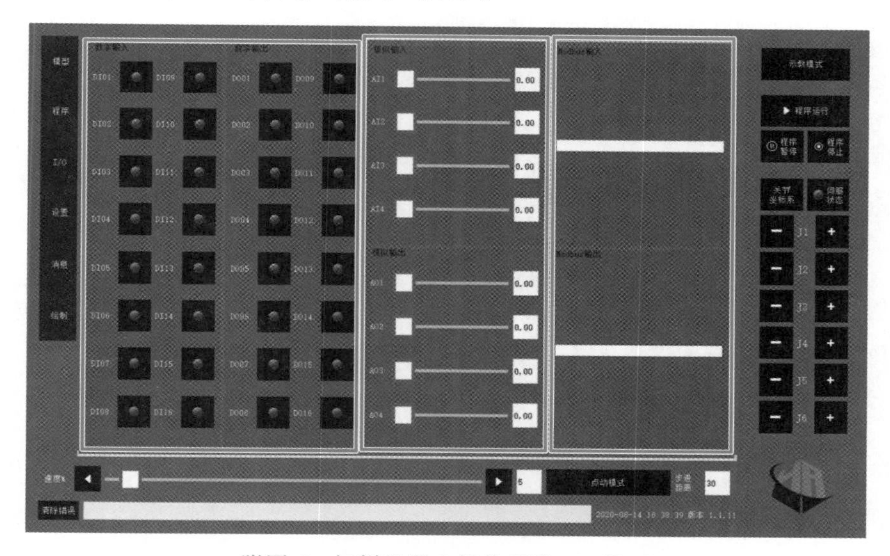

附图 6　恒锐机器人操作系统 I/O 界面

操作系统 I/O 可分为数字输入 / 输出、模拟输入 / 输出以及 Modbus 输入 / 输出。根据实际应用情况连接外部电路，工业机器人可通过输入信号对外部传感器、开关等元件产生感应以执行相应的动作，也可通过输出信号控制外部执行元件（如气缸、传送带、手爪等）动作。

（3）程序编写

恒锐机器人操作系统程序界面如附图 7 所示。

根据工业机器人本体实际应用场景在程序界面中编写程序，基本的控制程序由运动指令和过程指令组成，可完成相对复杂的工作。

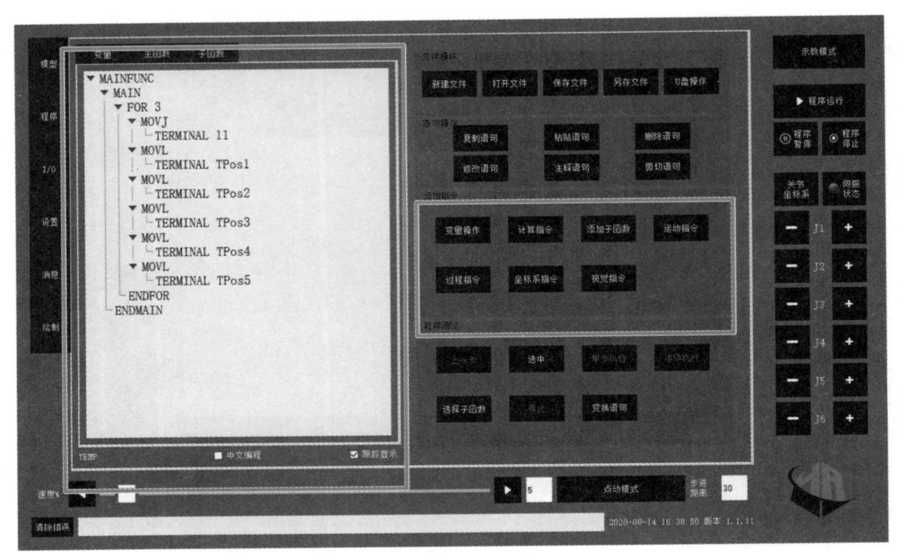

附图 7　恒锐机器人操作系统程序界面

（三）ABB 机器人仿真示教系统

1. ABB 机器人仿真示教系统界面介绍

ABB 机器人仿真示教系统界面如附图 8 所示。

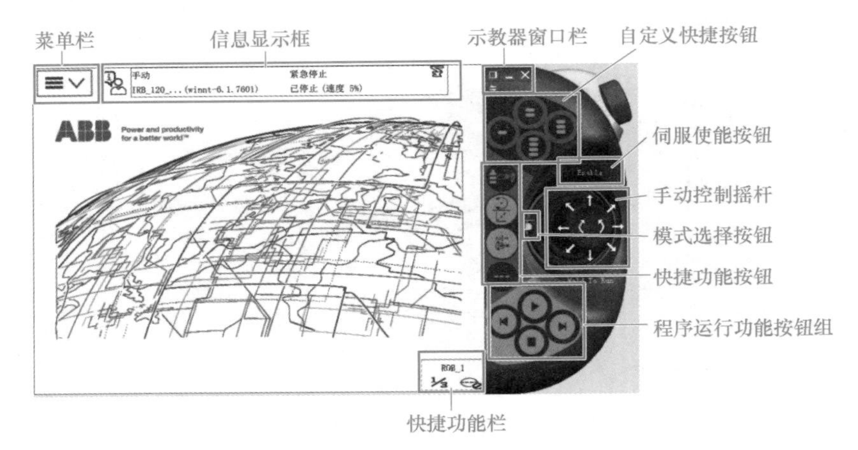

附图 8　ABB 机器人仿真示教系统界面

1）菜单栏：ABB 示教器功能菜单栏，包含设置工业机器人参数、查看工业机器人数据、编写工业机器人程序等功能界面。

2）信息显示框：显示工业机器人运动模式、提示信息、报错信息和当前状态。

3）示教器窗口栏：可将左侧显示框缩进，将工业机器人示教器窗口最小化或者关闭。

4）自定义快捷按钮：自定义功能指令，可自定义 I/O 信号实现快捷控制。

5）伺服使能按钮：工业机器人伺服使能。

6）快捷功能按钮：可快捷切换工业机器人当前运动模式为关节、线性或者重定位，开启或关闭增量模式。

7）模式选择按钮：切换工业机器人为手动运行模式或自动运行模式。

8）手动控制摇杆：手动模式下控制工业机器人运动。

9）程序运行功能按钮组：包含 4 个按钮，可实现程序启动、程序停止、程序单步前进和程序单步后退。

10）快捷功能栏：单击后打开快捷菜单栏可快速更改工业机器人部分设定（如工业机器人运行速度、当前运动模式等）。

2. ABB 机器人仿真示教系统的操作

（1）手动操作

单击菜单栏打开功能菜单，如附图 9 所示。

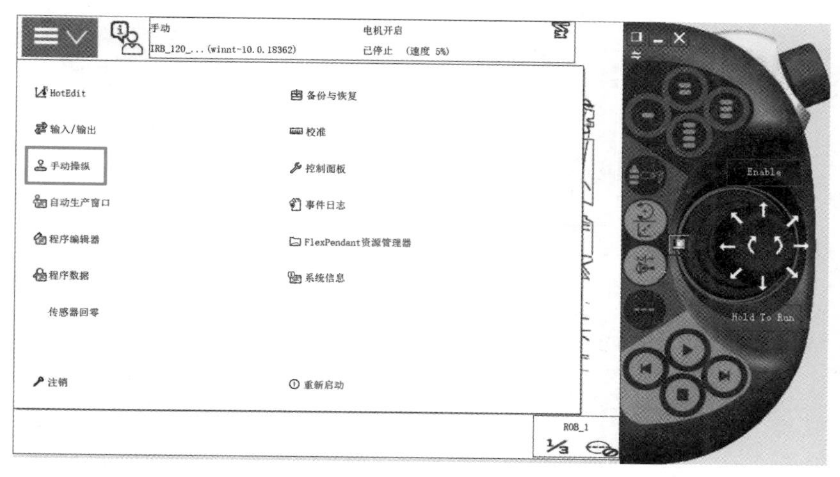

附图 9　ABB 机器人仿真示教系统菜单栏

在附图 9 所示菜单中选择“手动操纵”后进入手动操纵界面，如附图 10 所示。

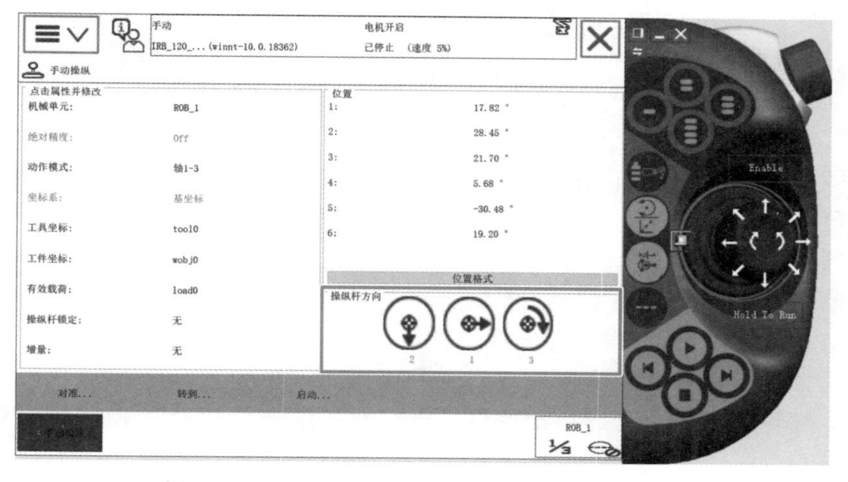

附图 10　ABB 机器人仿真示教系统手动操纵界面

在手动操纵界面左侧可修改工业机器人的操作属性，如动作模式、工具 / 工件坐标系和有效载荷等参数。在界面右侧显示的数据是机器人在当前坐标系下的位置数据，以及操纵杆对应控制机器人的运动方式。

（2）输入 / 输出

在菜单中选择“输入 / 输出”后进入 I/O 界面，如附图 11 和附图 12 所示。

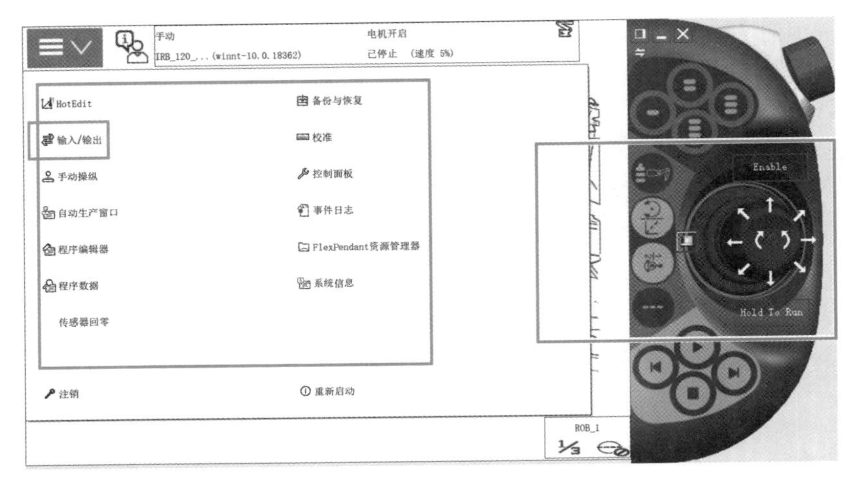

附图 11　在 ABB 机器人仿真示教系统菜单栏选择“输入 / 输出”

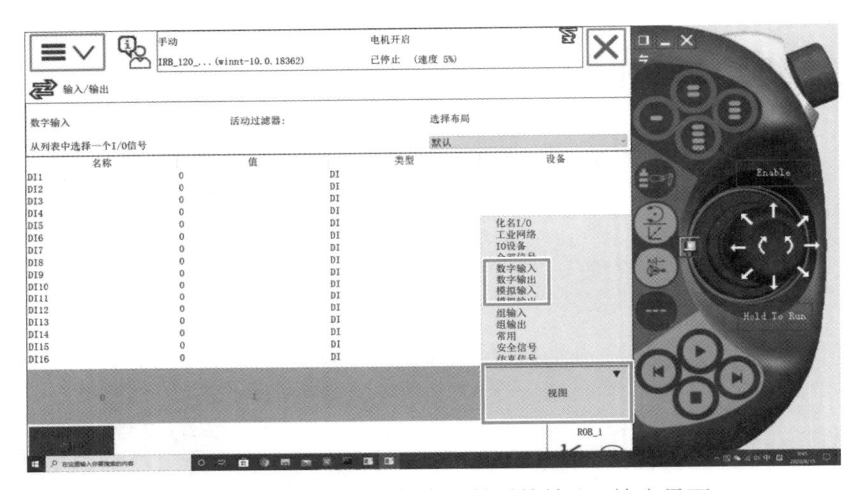

附图 12　ABB 机器人仿真示教系统输入 / 输出界面

单击附图 12 所示界面右下角的“视图”按钮，在弹出的下拉列表中选择想要查看的信号种类，即可将该种信号显示在屏幕左侧，此时可单独对某个信号进行手动操作。

（3）程序编写

选择菜单栏中“程序编辑器”后进入程序编辑器界面，如附图 13 和附图 14 所示。

采用 RAPID 语言进行编程，可创建、删除、修改程序，通过下方“添加指令”按钮可添加不同的运动指令和逻辑指令以完成对工业机器人进行编程，自由操控工业机器人运动的相应任务。编辑完程序后可通过“调试”按钮对程序进行初步调试，确认程序无误后可以进入自动模式，切换模式后自动弹出生产窗口，程序指针指向 Main 程序第 1 条，单击运行按钮自动运行程序。

（四）FANUC 机器人仿真示教系统

1. FANUC 机器人仿真示教系统界面介绍

FANUC 机器人仿真示教系统界面如附图 15 所示。

1）状态显示栏：显示工业机器人运行状态、动作模式、是否存在异常或者报警。

2）坐标系、速度栏：显示工业机器人当前使用的坐标系与速度百分比。

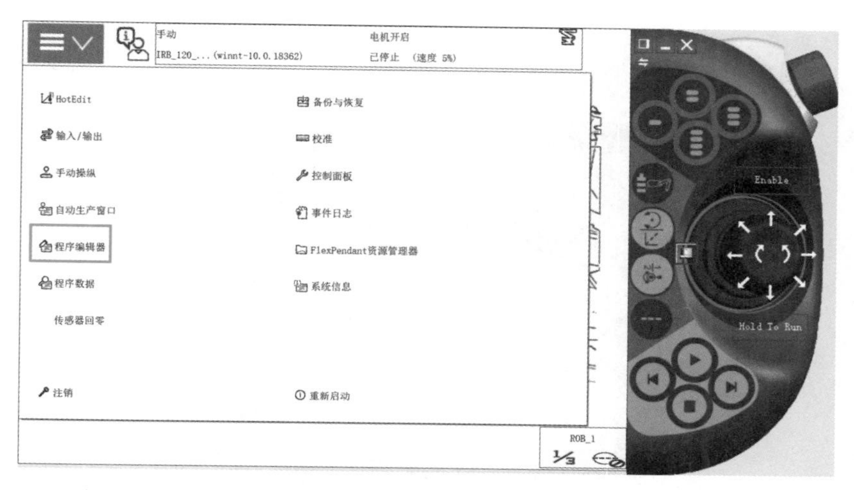

附图 13　在 ABB 机器人仿真示教系统菜单栏选择“程序编辑器”

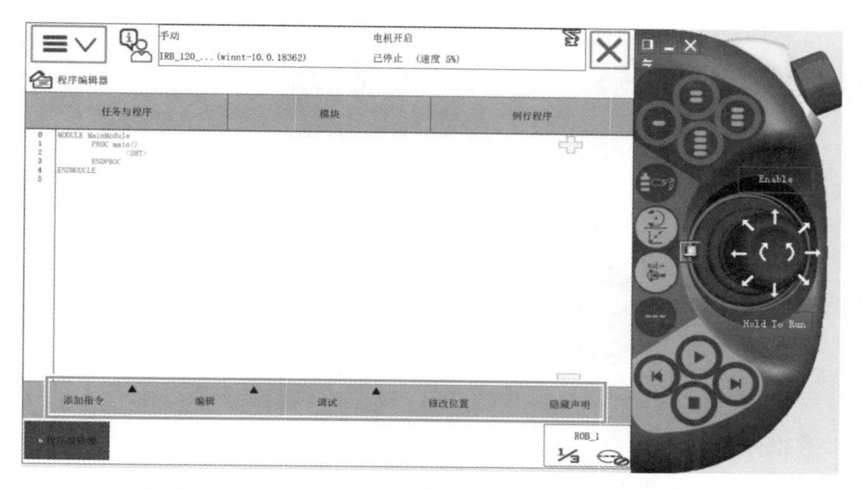

附图 14　ABB 机器人仿真示教系统程序编辑器界面

3）显示窗口：显示各功能的窗口。

4）安全开关：伺服指令。

5）功能指令：包括方向选择按钮、机器人手动示教动作按钮、数字键盘、功能快捷键、程序调试运行按钮等。

6）关闭示教器按钮：单击该按钮即可退出 FANUC 机器人示教器，回到附图 3 所示界面。

2. FANUC 仿真示教系统操作

（1）示教器设置

单击 MENU 按钮进入示教器菜单栏，使用方向选择按钮将指示光标移动到“设置”菜单项，此时界面右侧弹出设置子菜单，如附图 16 所示。

在设置界面中可对工业机器人常规、坐标系、参考位置、端口设定等参数进行修改。在坐标系设置中可修改当前所用坐标系类型、当前所用坐标系索引，修改并标定坐标系。

（2）I/O 功能

单击 MENU 按钮进入示教器菜单栏，使用方向选择按钮将指示光标移动到 I/O 菜单项，

此时界面右侧弹出 I/O 子菜单，选择数字信号后单击（ENTER）进入 I/O 设置界面，可对工业机器人数字输入 / 输出信号进行相关的设置，如附图 17 所示。

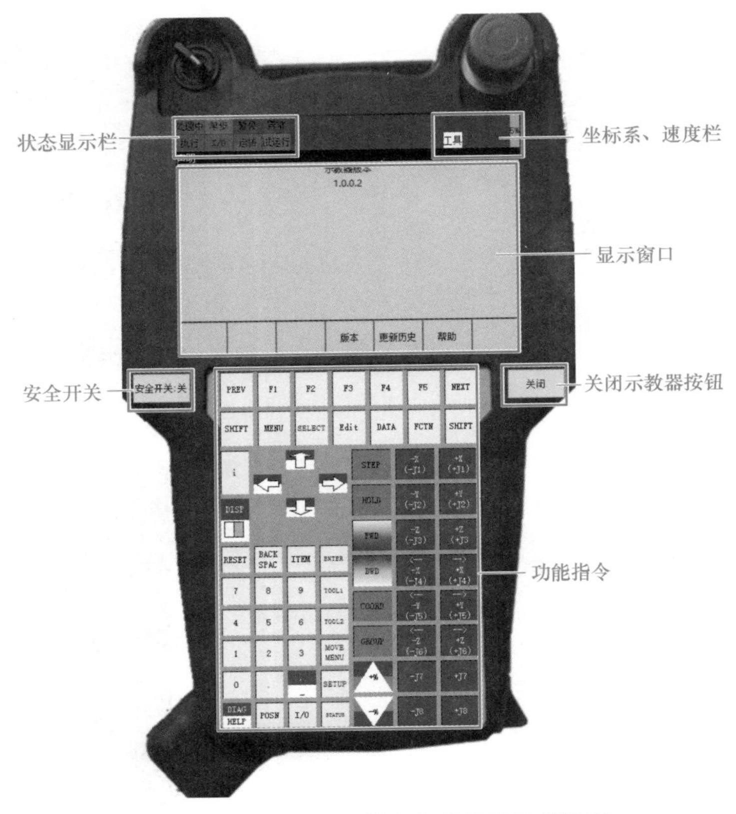

附图 15　FANUC 机器人仿真示教系统界面

（3）程序编辑

FANUC 机器人仿真示教系统程序编辑界面如附图 18 所示。

单击“SELECT”按钮进入程序编辑界面，可通过 KAREL 语言编程操控工业机器人运动，可创建、删除、修改保存并运行程序。通过添加不同的运动指令和逻辑指令进行编程以完成相应运动。

（五）KUKA 机器人仿真示教系统

1. KUKA 机器人仿真示教系统界面介绍

KUKA 机器人仿真示教系统界面如附图 19 所示。

1）使能 / 模式切换旋钮：工业机器人伺服使能，进行手动、自动模式切换。

2）状态显示栏：显示工业机器人当前运动模式、速度、增量等数据。

3）程序修改运行按钮：可使用数字键盘修改，运行或停止程序。

4）消息提示栏：显示工业机器人提示消息、报警消息及报错消息，右侧按钮可清除消息。

5）主界面显示窗口：显示示教器菜单界面等内容。

6）手动操作：手动操作工业机器人进行运动。

7）菜单按钮：单击可弹出示教器功能菜单。

8）文件操作栏：根据菜单内容进行相应修改。

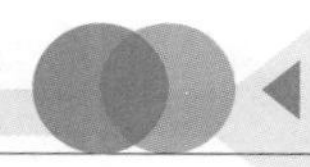

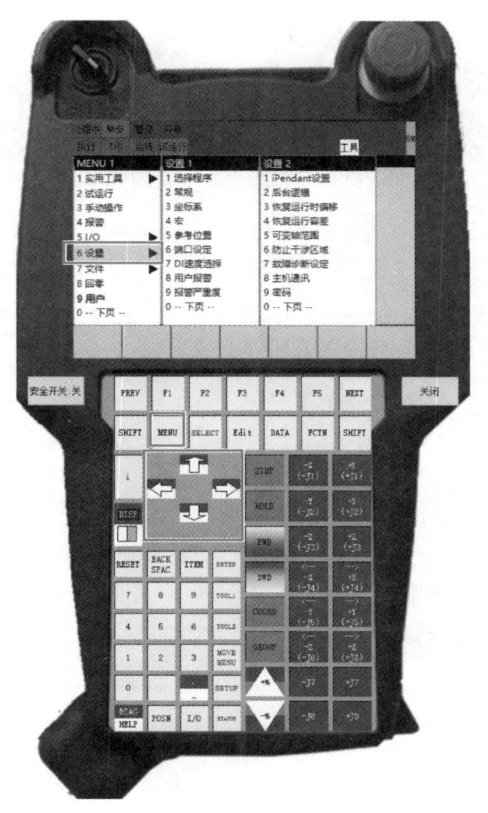

附图 16　FANUC 机器人仿真示教系统设置界面

附图 17　FANUC 机器人仿真示教系统 I/O 菜单设置

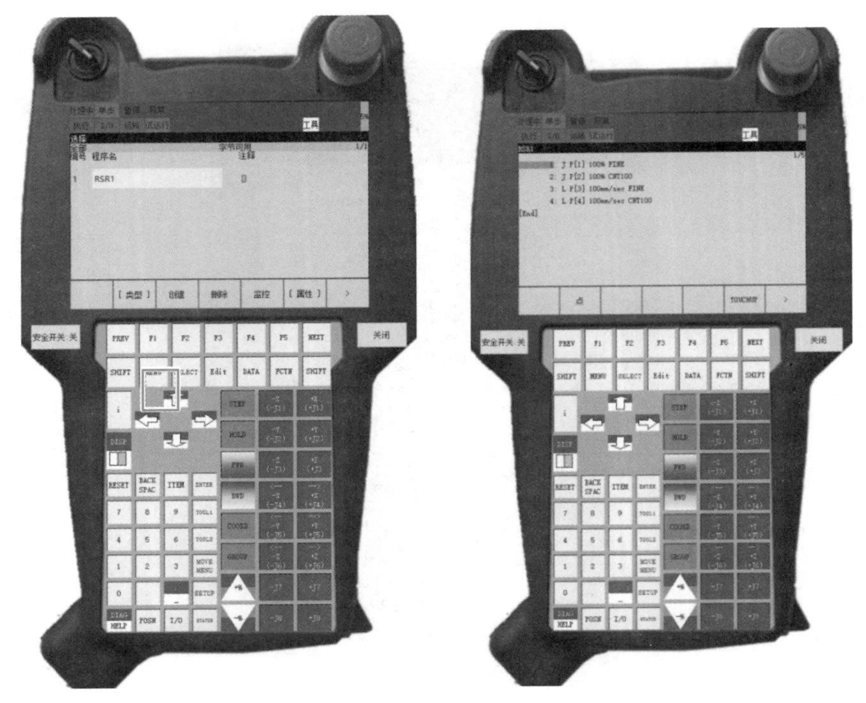

附图 18　FANUC 机器人仿真示教系统程序编辑界面

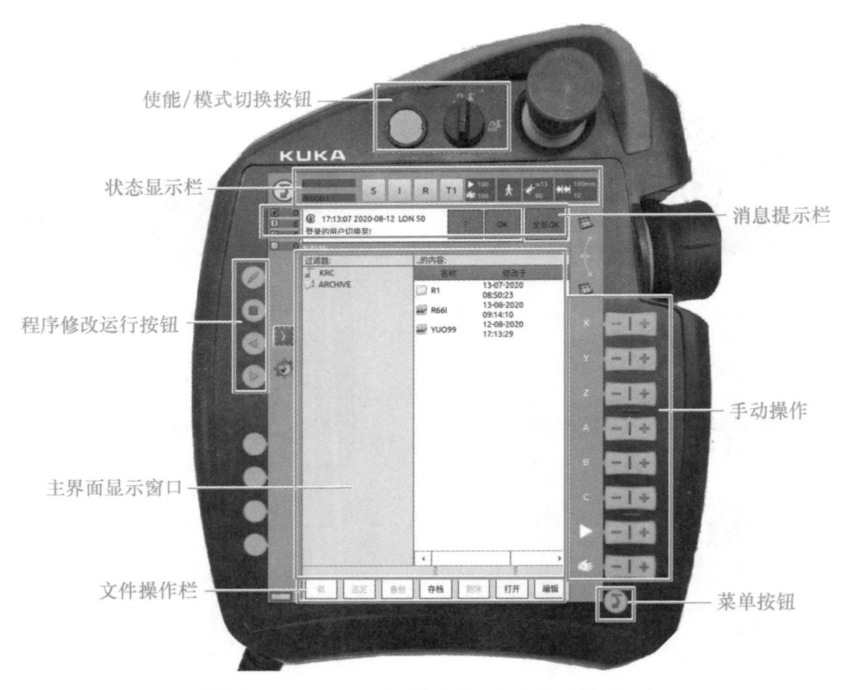

附图 19　KUKA 机器人仿真示教系统界面

2. KUKA 机器人仿真示教系统操作

1）KUKA 机器人示教系统配置如附图 20 所示。

单击右下角菜单按钮进入示教系统功能菜单，单击“配置”菜单后弹出子菜单，可对工业机器人用户权限、语言、安全配置等进行修改。

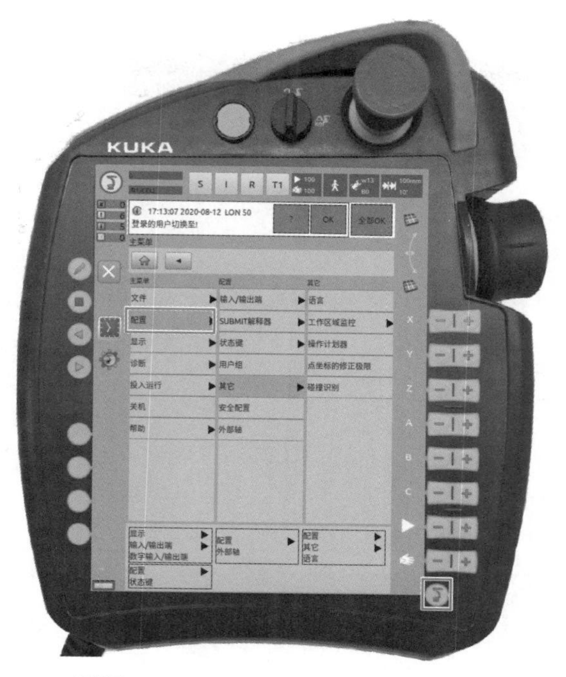

附图 20　KUKA 机器人示教系统配置

2）输入 / 输出窗口如附图 21 所示。

单击右下角菜单按钮进入示教系统功能菜单，单击“显示”菜单后弹出子菜单，再单击“输入 / 输出”端子菜单，选择需要的数据类型后单击进入对应的操作界面中，即可对输入 / 输出进行查看或修改等操作。

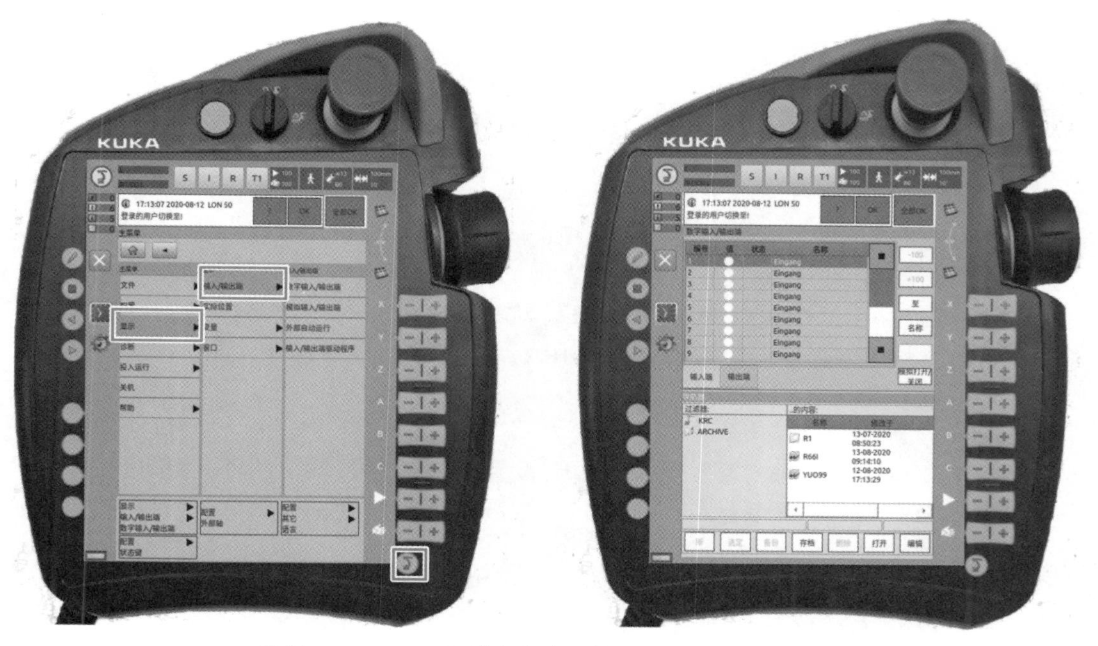

附图 21　KUKA 机器人仿真示教系统输入 / 输出窗口

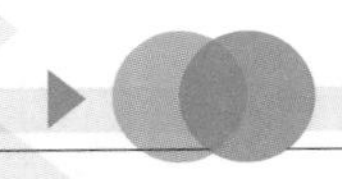

3）程序编辑。创建程序后进入程序编辑界面，如附图 22 所示。

附图 22　KUKA 机器人仿真示教系统程序编辑界面

可以使用 KRL 语言编写工业机器人运动程序，包含运动指令以及相关逻辑指令，可以创建、修改、删除程序。通过添加不同的运动指令和逻辑指令对工业机器人进行编程，从而操控工业机器人运动以完成相应的任务。

（六）Yaskawa 机器人示教仿真系统

1. Yaskawa 机器人示教仿真系统界面介绍

Yaskawa 机器人仿真示教系统界面如附图 23 所示。

1）快捷菜单、状态显示栏：单击可快速进入相应的功能界面，右侧显示工业机器人当前运动模式、所使用坐标系等状态。

2）主菜单：单击可进入各功能界面。

3）主界面显示窗口：显示示教系统功能界面内容。

4）功能按钮：快捷功能选项、方向选项。

5）示教操作栏：可手动控制工业机器人运动，调节工业机器人运动速度。

6）数字键盘、功能按钮：快捷功能按钮、数字键盘。

7）关闭示教器按钮：可退出 Yaskawa 示教器回到示教系统选择界面。

2. Yaskawa 机器人示教仿真系统操作

（1）系统设置

单击“主菜单”按钮进入第二页，单击“设置”按钮进入设置界面，如附图 24 所示。

在设置界面中可对示教系统的时间、用户权限、运行速度、显示色、条件等进行设定、修改。

（2）输入 / 输出设置

单击主菜单中“输入 / 输出”按钮进入输入 / 输出界面，如附图 25 所示。

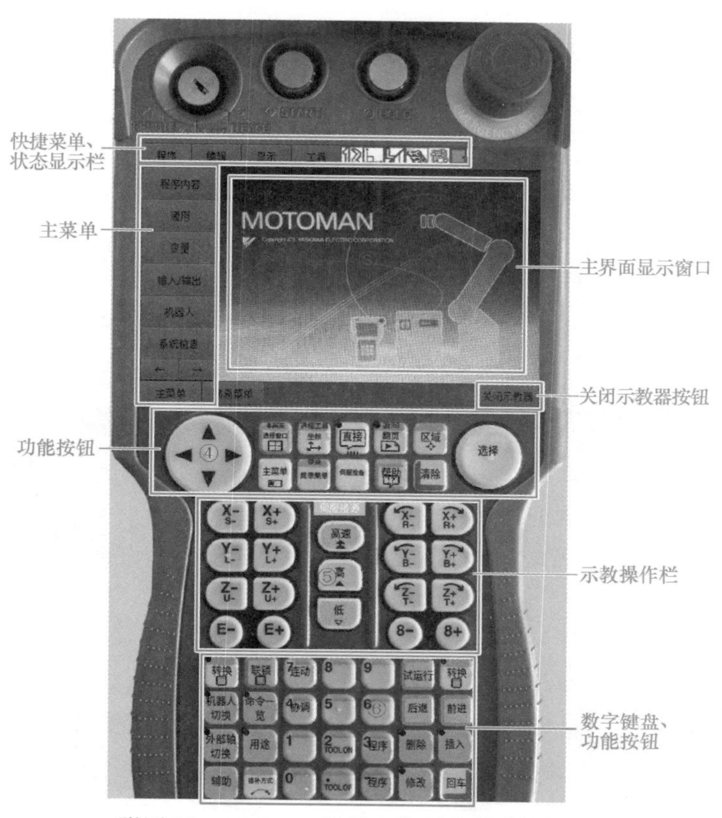

附图 23　Yaskawa 机器人仿真示教系统界面

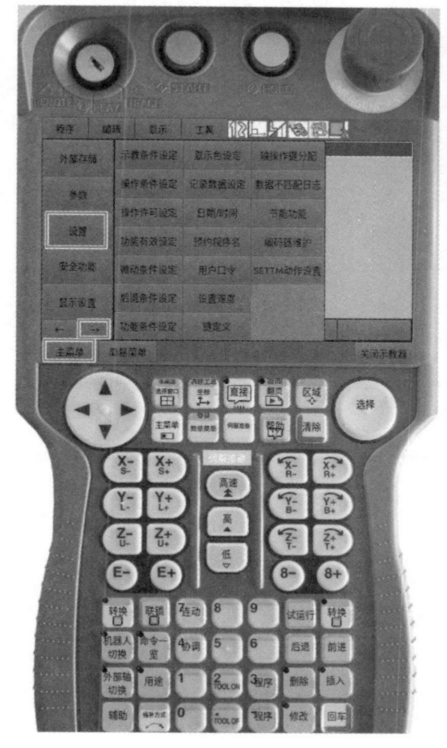

附图 24　Yaskawa 机器人示教系统设置界面

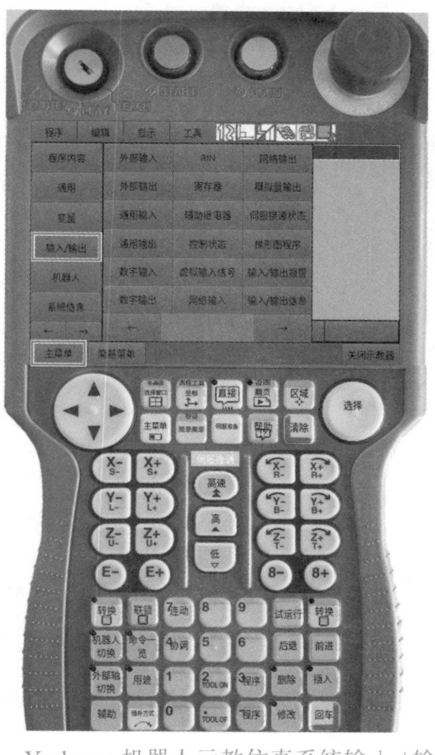

附图 25　Yaskawa 机器人示教仿真系统输入 / 输出界面

在输入 / 输出界面可对工业机器人数字输入 / 输出、模拟量输入 / 输出，网络输入 / 输出等进行查看、修改。也可查看输入 / 输出报警。

（3）程序编写

单击主菜单中“程序内容”按钮进入程序内容界面，如附图 26 所示。

在该界面中可进行查看程序内容、选择已建立程序、新建程序、打开主程序等操作，在建立程序后进入程序界面，如附图 27 所示。

可通过 INFORM 语言编程操控工业机器人运动，可创建、删除、修改、保存并运行程序。通过添加不同的运动指令和逻辑指令对工业机器人进行编程，从而操控工业机器人运动以完成相应的任务。

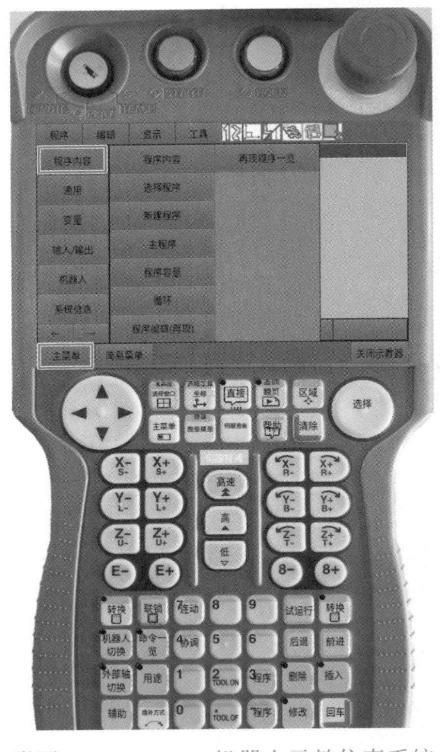

附图 26　Yaskawa 机器人示教仿真系统程序内容界面

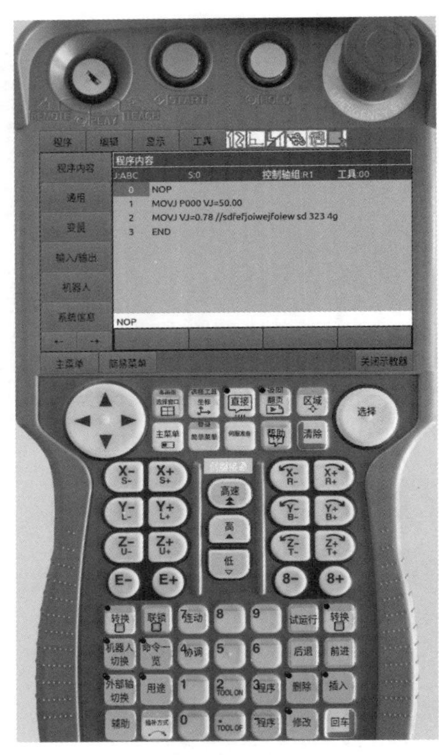

附图 27　Yaskawa 示教仿真系统程序编辑界面

参考文献

[1] 韩建海.工业机器人[M].4版.武汉：华中科技大学出版社，2019.
[2] 郭洪红.工业机器人技术[M].3版.西安：西安电子科技大学出版社，2016.
[3] 兰虎.工业机器人技术及应用[M].北京：机械工业出版社，2014.
[4] 吕世霞，周宇，沈玲.工业机器人现场操作与编程[M].武汉：华中科技大学出版社，2016.
[5] 杨杰忠，邹火军.工业机器人操作与编程[M].北京：机械工业出版社，2017.
[6] 朱世强，王宣银.机器人技术及其应用[M].杭州：浙江大学出版社，2001.
[7] 俞志根.传感器与检测技术[M].北京：科学出版社，2007.
[8] 韩相争.西门子 S7-200 SMART PLC 编程技巧与案例[M].北京：化学工业出版社，2017.
[9] 廖常初.S7-200 SMART PLC 编程及应用[M].3版.北京：机械工业出版社，2019.
[10] 陈华.西门子 SIMATIC WinCC 使用指南：上册[M].北京：机械工业出版社，2018.
[11] 陈华.西门子 SIMATIC WinCC 使用指南：下册[M].北京：机械工业出版社，2018.
[12] 王前厚.西门子 WinCC 从入门到精通[M].北京：化学工业出版社，2017.